Das Buch

Mathematische Methoden werden in immer mehr Bereichen der täglichen Praxis angewandt. Abgesehen von sämtlichen Naturwissenschaften und der Technik, den Anwendungsbereichen der »klassischen« Mathematik, sei nur auf die wachsende Bedeutung der »neuen Mathematik« für Wirtschaftswissenschaften, Sozialwissenschaften, Psychologie, Pädagogik, Soziologie, Linguistik, Dokumentation, Lexikographie, Kybernetik und Planung hingewiesen. Die großen pädagogischen Möglichkeiten, die in der Beschäftigung mit der Mathematik liegen, sind Thema dieses Buches. Es ist ein Plädoyer für die Mathematik, gegen intellektuelle Inkorrektheit und gefährlich bequeme Denkgewohnheiten. Es zeigt, daß die Beschäftigung mit der Mathematik zu einer Denkhaltung führen kann, die weder vor dem scheinbar Unlösbaren kapituliert noch das scheinbar Evidente fraglos hinnimmt. Es ist ein engagiertes Buch für ein rationales Bildungskonzept.

Der Autor

Prof. Dr. phil. Herbert Meschkowski, geb. 1909 in Berlin, ist seit 1949 ordentlicher Professor an der Pädagogischen Hochschule Berlin. Er veröffentlichte zahlreiche einführende und spezielle Bücher zur Mathematik, davon u. a. in den BI-Hochschultaschenbüchern: ›Einführung in die moderne Mathematik‹, ›Grundlagen der euklidischen Geometrie‹, ›Mathematiker-Lexikon‹, ›Wahrscheinlichkeitsrechnung‹. Darüber hinaus ist er Herausgeber des ›Mathematik-Duden für Lehrer‹, des ›Schüler-Mathematik-Duden‹, Band 2, und von ›Meyers Handbuch über die Mathematik‹.

Das Buch

[illegible]

Der Autor

[illegible]

Herbert Meschkowski:
Mathematik als Grundlage
Ein Plädoyer für ein rationales Bildungskonzept

Deutscher
Taschenbuch
Verlag

dtv

Neubearbeitete Ausgabe des Werkes
›Mathematik als Bildungsgrundlage‹, Braunschweig 1965
Januar 1973

Umschlaggestaltung: Celestino Piatti
Gesamtherstellung: C. H. Beck'sche Buchdruckerei, Nördlingen
Printed in Germany · ISBN 3-423-04130-7

Vorwort

Im Jahrhundert der Naturwissenschaften wächst der Anwendungsbereich mathematischer Methoden ständig. In den letzten Jahrzehnten haben die Soziologen, die Psychologen und jüngere Vertreter der Erziehungswissenschaft begonnen, die »Wissenschaft von den formalen Systemen« in ihren Disziplinen anzuwenden. Unter diesen Umständen ist die Frage berechtigt, wie denn die intensive Beschäftigung mit der Mathematik die Denkweise des Menschen verändert.

Man weiß: Der mathematische Unterricht schult die »räumliche Anschauung« und die Fähigkeit zu logischem Denken. Aber die moderne Mathematik hat Möglichkeiten der Menschenbildung aufzuweisen, die sie in einem ganz neuen Sinne zum »Wecker der Erkenntnis« macht, anders noch als in den Tagen Platons.

Davon soll in dieser Schrift die Rede sein. Vieles, was über die moderne Mathematik zu sagen ist, gilt auch für die exakten Naturwissenschaften. Wir werden deshalb (z. B. in dem Kapitel über die Objektivität) auch auf diese Bezüge eingehen.

Die Frage nach der Menschenbildung durch die Mathematik ist nicht nur für Lehrer an Schulen und Hochschulen bedeutsam. Sie geht auch Pädagogen und Soziologen an. Wir haben versucht, unsere Darstellung auch für Nichtmathematiker verständlich zu machen. Natürlich mußten wir immer wieder Beispiele bringen, um die Möglichkeiten des Unterrichts an Schule und Universität zu verdeutlichen.

Dieses Buch wurde nicht nur als ein theoretischer Beitrag zu einem Bildungsproblem geschrieben. Wir meinen, daß sich am mathematischen Unterricht (an Schulen und Hochschulen) einiges ändern sollte, damit die Bildungsmöglichkeiten unserer Wissenschaft voll zum Zuge kommen.

Es mag sein, daß unsere Ergebnisse manchen der durch Ideologien vorbelasteten Bildungspolitiker nicht gefallen. Aber gerade deshalb muß darüber gesprochen werden.

Die vorliegende Schrift ist eine Überarbeitung des 1965 im Verlag Vieweg erschienenen Werkes. An unseren grundsätzlichen Ausführungen über die Bildungsfunktion der exakten Wissenschaften brauchten wir nichts Wesentliches zu ändern. Aber natürlich wurden die auf die Bildungssituation unserer Tage bezogenen Kapitel neu geschrieben.

Die in eckigen Klammern notierten Zahlen im Text weisen auf das Literaturverzeichnis hin.

Für die Hilfe bei der Durchsicht des Manuskriptes und der Korrekturen danke ich Fräulein Dr. Ahrens.

Herbert Meschkowski

Berlin, im Januar 1972

Inhaltsverzeichnis

I. Einleitung

> Zwei mal zwei gleich vier ist Wahrheit.
> Schade, daß sie leicht und leer ist,
> Denn ich hätte lieber Klarheit
> Über das, was voll und schwer ist.
>
> W. Busch[1]

Wenn aus irgendeinem Grund neue Lehrpläne für die Gymnasien erarbeitet werden, stellt man gewöhnlich das »Bildungsziel« an den Anfang. Man formuliert eine Bildungsaufgabe, die für alle Bereiche der Schule verbindlich sein soll und fragt dann nach den besonderen Problemen der einzelnen Fächer. So heißt es z. B. in der Denkschrift ›Bildungsauftrag und Bildungspläne der Gymnasien, vorgelegt von der Arbeitsgemeinschaft Deutscher Höherer Schulen, Berlin 1958‹ über den Mathematikunterricht, daß er neben seinen rein fachlichen Bildungswerten auch spezifisch charakterbildende Wirkung habe. Er erzieht vor allem »zur Selbstzucht und Konzentration« und »zum verantwortungsfreudigen, beharrlichen Eintreten für die als gültig erkannte eigene Überzeugung«. Es entsteht durch diese an den Anfang gesetzte Aufgabe der Eindruck, als ob die einzelnen Fächer deshalb und nur deshalb ihren Platz in der Schule haben, damit die genannten Ziele in der Menschenbildung erreicht werden. Da die an dieser Stelle formulierten Bildungsmöglichkeiten für die einzelnen Fächer einander oft ähnlich sind, ist die Frage zu stellen, ob man nicht dann den Unterricht auf ganz wenige Fächer konzentrieren könnte, da ja auf diese Weise alle erstrebbaren Bildungsziele erreichbar seien.

Bei der Abfassung solcher Lehrpläne wird im allgemeinen unterstellt, daß Klarheit herrsche über das Wesen der »Bildung« und über die der Schularbeit zu stellenden Bildungsziele. Fragen wir, was die pädagogische Fachliteratur uns zu diesen Fragen zu sagen hat!

Wir finden bei Eduard Spranger[2] die folgende Definition der »Bildung«:

> Sie ist die lebendig wachsende Aufnahme aller objektiven Werte, die zu der Anlage und dem Lebenskreis eines sich ent-

[1] ›Schein und Sein‹.
[2] Lebensformen. 2. Aufl. Leipzig 1921, S. 316.

wickelnden Geistes in Beziehung gesetzt werden können, in das Erleben, die Gesinnung und die Schaffenskräfte dieses Menschen, mit dem Ziel einer geschlossenen, objektiv leistungsfähigen und sich selbst lustvoll genießenden Persönlichkeit.

Er unterscheidet »formale« und »materiale« Bildungswerte:

Nennen wir die Akte des Menschen, die eine bestimmte Richtung des Wertens und der Wertverwirklichung ausdrücken, formal, die konkreten Gegenstände aber, an denen sich diese Akte betätigen, material, so müssen wir formale und materiale Bildungswerte unterscheiden. Formalen Bildungswert haben geistige Tätigkeiten, an denen sich die Grundrichtungen des wertvollen Erlebens und Gestaltens üben. Materialen Bildungswert haben die geistigen Inhalte, die in diesen Grundrichtungen des Verhaltens angeeignet werden.

Georg Picht[3] formuliert noch kürzer so:

Bildung soll dem Menschen die Möglichkeit erschließen, als der zu leben, der er eigentlich ist. Das kann er nur, wenn er in der Wahrheit ist. Darum gründet sich die Frage nach der Bildung des Menschen in der Frage nach der Wahrheit.

Wer in der Gedankenwelt Platons lebt, wird zu dieser Definition der »Bildung« einen guten Zugang finden. Für ihn waren die mathematischen Sätze absolute »Wahrheiten«, Ausblicke in die Welt der Ideen. Die Geometrie bezeichnete der griechische Denker als »Erkenntnis des ewig Seienden«. Auch Nicolaus von Cues lebte in dieser Auffassung: »Es gibt nicht Wahrheiten, sondern nur die eine Wahrheit, die das Ewige und Absolute selber ist.«

Die moderne Mathematik ist bescheidener geworden. Bei David Hilbert geht es nicht mehr um Wahrheit, sondern um die *Sicherheit*, daß seine formalen Systeme in sich widerspruchsfrei seien. Man hat den modernen mathematischen »Formalismus« wegen dieser Bescheidung oft angegriffen. Aber man versteht die Mathematiker falsch, wenn man sie für bösartige Nihilisten hält. Es geht nicht um eine dumme Laune aus Lust an der Negation. Es geht um intellektuelle Redlichkeit, die doch auch etwas mit der »Wahrheit« zu tun hat.

[3] [43], S. 113.

Aus guten Gründen, von denen noch zu reden sein wird[4], verzichten die Grundlagenforscher *der Mathematik und der Physik* heute auf alle ontologischen Aussagen. Sie sind mißtrauisch gegen alles, was nach Metaphysik aussieht: Nicht deshalb, weil sie jede metaphysische Fragestellung für sinnlos halten[5], sondern weil sie wissen, daß über jene großen Menschheitsfragen nicht mit jener Sicherheit Aussagen gemacht werden können, wie sie die Vertreter der exakten Wissenschaften in ihrem Fachgebiet erreicht haben.

Sie setzen sich dem Vorwurf aus, daß ihre Wahrheiten (wenn man sie noch so nennen will) »leicht und leer« sind, wie Wilhelm Busch sagt.

Aber sein Gedicht (im Motto dieser Einleitung) geht ja noch weiter:

Emsig sucht ich aufzufinden,
Was im tiefsten Grunde wurzelt,
Lief umher nach allen Winden
Und bin dabei oft gepurzelt.

Endlich baut' ich eine Hütte.
Still nun zwischen ihren Wänden
Sitz ich in der Welten Mitte
Unbekümmert um die Enden.

Wilhelm Busch war kein Mathematiker, aber seine Verse geben doch eine ganz brauchbare Zusammenfassung der Geschichte der Grundlagenforschung.

Die Bescheidung auf das Gesicherte in den exakten Wissenschaften hat ihre Früchte getragen. Sie sind in einem ganz neuen Sinne »Wecker der Erkenntnis« geworden. Die Philosophie unserer Tage verdankt ihr wichtigste erkenntnistheoretische Einsichten[6], und wir wollen in dieser Schrift zeigen, daß Mathematik (und Physik) wichtige Beiträge zur Menschenbildung leisten können.

Aber zunächst müssen wir uns als unbequeme Gesprächspartner erweisen für solche Forscher, die noch in der Welt Platons leben. Wir müssen die Pilatusfrage stellen nach dem Wesen der »Wahrheit«, die Picht in seine Definition der Bildung hineinnehmen will. Und woher wissen wir, was der Mensch »eigentlich ist«? Liegt hier ein vorgefaßtes Menschenbild vor,

[4] Vgl. dazu Kap. VI.
[5] Siehe dazu [38], Kap. XIII.
[6] Vgl. Kap. VI.

zu dem hin erzogen werden soll? Besteht nicht die Gefahr, daß auf diese Weise sehr ungesicherte Ideologien den Bildungsprozeß beeinflussen?

Ähnliche Fragen kommen uns bei der Definition Sprangers. Was sind seine »objektiven Werte«? Hier wird offenbar unterstellt, daß über diese Frage Klarheit und Einmütigkeit herrscht. Wir leben aber in einer Zeit des Umbruchs, in der das früher Selbstverständliche zum Problem geworden ist. Deshalb kann man nicht die »objektiven Werte« zur Grundlage einer Bildungstheorie machen.

Man möge das nicht mißverstehen: Wir wollen uns nicht von der *Gesinnung* Sprangers distanzieren und die Frage nach der »Wahrheit« als unwichtig beiseite tun. Wir wollen nur vermeiden, daß ungesicherte metaphysische Konzeptionen die Grundlage einer wissenschaftlichen Arbeit werden. Es könnte gut sein, daß wir uns a posteriori in einer Gemeinsamkeit der Gesinnung zusammenfinden.[7]

Es ist bekannt, daß moderne Pädagogen meist andere Wege gehen als Spranger. Fragen wir also, was die jüngere Generation der Pädagogen zum Thema »Bildung« zu sagen hat. Wolfgang Klafki hat eine Theorie der »kategorialen Bildung« entwickelt, mit der er u. a. die übliche Unterscheidung von »formaler« und »materialer« Bildung überwinden will.

Wir finden bei ihm die folgende Definition[8]:

> *Bildung* nennen wir jenes Phänomen, an dem wir – im eigenen Erleben oder im Verstehen anderer Menschen – unmittelbar der *Einheit eines subjektiven (formalen) und eines objektiven* (materialen) Momentes inne werden.

Versuchen wir, Klafki zu verstehen. Ein Phänomen, bei dem in der Geistesgeschichte das einseitige Beharren auf dem subjektiven bzw. auf dem objektiven Moment eine Rolle spielte, ist das der *Farbe*. Manche modernen Forscher meinen jedenfalls, daß die berühmte Kontroverse zwischen Goethe und Newton in der Farbenlehre ihren inneren Grund darin hatte, daß Goethe die subjektive, Newton die objektive Seite des Phänomens sah. Wir haben hier nicht zu entscheiden, ob das die Meinungsverschiedenheit ausreichend interpretiert[9]. Jedenfalls: Die Farbe

[7] Kap. IX.

[8] Vgl. [27], S. 294.

[9] Vgl. dazu Herbert Meschkowski, Goethes Verhältnis zur Mathematik. In: Humanismus und Technik, VIII 3, 1963.

ist ein Phänomen, bei dem wir die physikalische und psychologische Seite gut unterscheiden können.

Heißt das nun nach Klafki: *Bildung ist Farbe?* Meine Schreibmaschine sträubt sich, diesen Satz aufzuschreiben. Und sie hat ja Recht: Das *kann* Klafki nicht gemeint haben. Aber es steht doch so da: Bildung nennen wir jenes Phänomen ... Er benutzt freilich die Einzahl, und wir sehen doch, daß es viele solcher Phänomene gibt. Vielleicht meint Klafki dies: *Der Bildungsprozeß ist ein Vorgang von einer eigenartigen Polarität: Während sich der Mensch ein Bild der Welt aufbaut, vollzieht sich zugleich eine Umprägung seines eigenen Ichs, seiner Persönlichkeit.*

Aus den folgenden Seiten scheint hervorzugehen, daß Klafki wohl etwas Ähnliches gemeint hat. Aber selbst wenn man die sprachliche Unklarheit übersehen will, kann man eine solche Definition der »Bildung« nicht akzeptieren. Hier wird eine Eigenschaft des Begriffes Bildung herausgestellt, die *nicht charakteristisch* ist. Gewiß, bei der Bildung kann man ein subjektives und ein objektives Moment unterscheiden. Aber das gilt *nicht nur* für die Bildung! Ein Mathematiker kann ja auch nicht definieren: *Ein Kreis ist eine Kurve konstanter Breite*[10]. Der Kreis hat etwa 30 charakteristische Eigenschaften, die man zu seiner Definition verwenden kann. Die Eigenschaft, daß seine Breite konstant ist, teilt er aber auch mit anderen Kurven. Sie kann also nicht zur Definition benutzt werden.

Klafki hat eine Theorie der *kategorialen Bildung* geschrieben, und wir wollen sehen, was seine »Kategorien« bedeuten[11]

> Das Sichtbarwerden von *»allgemeinen« Inhalten* auf der Seite der »Welt« ist nichts anderes als das Gewinnen von *»Kategorien«* auf der Seite des Subjekts. Jeder erkannte oder erlebte Sachverhalt auf der objektiven Seite löst nicht eine subjektive, »formale« Kraft aus oder ist Übungsmaterial solcher subjektiven Kräfte, sondern er *ist* selbst »Kraft« (in einem übertragenen Sinne), insofern – und nur insofern – er ein Stück Welt erschließt und verfügbar macht.

Kant hat viel Mühe darauf verwandt zu zeigen, daß seine Kategorien nicht zur Sinnlichkeit gehören. Nun decken sich die Kantischen Kategorien (die allgemeinen »Verknüpfungs- und Gegenstandsbegriffe«) nicht unbedingt mit denen von Klafki. Aber immerhin: Hier wird so nebenbei versichert, daß die

[10] Vgl. dazu S. 45f.
[11] Vgl. [27], S. 295.

Kategorien »auf der Seite des Subjektes« einfach durch »Sichtbarwerden von allgemeinen Inhalten« gewonnen werden. Wir meinen, daß eine so gewichtige erkenntnistheoretische These einer soliden Begründung bedarf. Nur *eine* kritische Frage wollen wir stellen: Wie kann der Physiker entscheiden, ob er den »allgemeinen Inhalt« kosmologischer Forschungen durch die euklidische oder durch eine nicht euklidische Geometrie zu beschreiben hat? Welche Geometrie entspricht »auf der Seite des Subjekts« dem vorgefundenen »Inhalt«?

Wir können hier nicht eine Untersuchung über die Realgeltung der Geometrie einschieben. Aber das muß gesagt werden: Klafki baut absolut ungesicherte erkenntnistheoretische Thesen in seine »Theorie der kategorialen Bildung« ein.

Seine Theorie ist nicht nur ungesichert, sie ist auch nicht geeignet, die klassische Unterscheidung von formaler und materialer Bildung aufzulösen.

> Mit dieser Einsicht entfällt das Recht, weiter an dem üblichen Dualismus der Theorien »formaler« und »materialer« Bildung festzuhalten oder ihr Verhältnis im Sinne einer äußerlichen Verknüpfung oder Ergänzung (»sowohl formale als auch materiale Bildung«) zu bestimmen. In einer Theorie, die Bildung als kategoriale Bildung im entwickelten Sinne versteht, sind die Theorien formaler und die materialer Bildung in einer höheren Einheit aufgehoben. »Formale« und »materiale« Bildung bezeichnen nicht zwei als solche selbständige »Arten« oder Formen der Bildung. »Formal« und »material« deuten zwei Betrachtungsweisen des gleichen einheitlichen Phänomens an. Die Einheit des formalen und des materialen Momentes ist im *Bildungserlebnis* unmittelbar erfahrbar[12].

Nehmen wir als ein Beispiel den Satz: »Die Naturwissenschaften erziehen zur Objektivität.« Diese auch von Pädagogen immer wieder vertretene These sagt etwas über die »formale« Bildung im Sinne Sprangers. Man meint doch: Die Haltung einer unbestechlichen Objektivität bewährt sich bei dem naturwissenschaftlich Geschulten auch außerhalb seiner fachwissenschaftlichen Arbeit. Das ist nun gewiß kein Effekt, der *automatisch* mit den Vorgängen der Wahrnehmung und der Einordnung von Beobachtungen gekoppelt ist. Es gibt – leider! – nicht wenige Wissenschaftler, die fachlich tüchtig sind und an denen sich

[12] Vgl. dazu [38], Kap. V.

doch die Bildungsmöglichkeiten ihres Faches recht schwach auswirken. Man kann nicht gut behaupten, die »formale« Bildung (im Sinne Sprangers) sei nur die andere Seite der »materialen«.

Die Unzulänglichkeit solcher Bildungstheorien mag zu der Einsicht beigetragen haben, daß die Erziehungswissenschaft eine kritische Untersuchung ihrer Grundlagen dringend nötig hat. Rudolf Lochner schreibt dazu[13]:

> In keinem Bereich des menschlichen Kulturdaseins wird heute die »Grundlagenproblematik« so wenig wissenschaftlich bearbeitet wie im Erzieherischen.

Er berichtet davon, daß die Pädagogik als selbständige Universitätswissenschaft »von seiten der älteren Wissenschaften Abwehr und Skepsis« begegne. Er lehnt eine »normative« Pädagogik ab und fordert den Aufbau der Pädagogik als »Erfahrungswissenschaft«.

Wir haben durchaus Verständnis für den Wunsch jüngerer Pädagogen, vom »normativen« Denken vergangener Zeiten abzugehen und die Erziehungswissenschaft von der Erfahrung her zu begründen. Aber man sollte vor allem die Forderung nach einer ernsthaften Beschäftigung mit den Grundlagenproblemen nicht überhören. Wir gestehen, daß uns die noblen und in klassisch schöner Sprache vorgetragenen Ideen Sprangers immer noch sympathischer sind als einige moderne Versuche zur Begründung von Bildungstheorien und zum Aufbau einer wissenschaftlichen Didaktik.

Die Mathematiker üben seit einigen Jahrtausenden die Kunst des präzisen Definierens. Die Erklärung des Begriffes *Primzahl*

> Eine von 1 verschiedene[14] natürliche Zahl p heißt Primzahl, wenn sie nur durch 1 und p teilbar ist

läßt kein »Rütteln und Zwängeln« zu: Man kann durch einen wohlbestimmten Rechenprozeß feststellen, welche Zahlen den Charakter von Primzahlen haben und welche nicht. Bei jeder Definition werden gewisse Begriffe als »bekannt« vorausgesetzt, auf die der neue Begriff zurückgeführt wird; hier sind es die Begriffe »natürliche Zahl« und »teilbar«.

Die Mathematik weiß aber mindestens seit einigen Jahrzehn-

[13] R. Lochner, Zur Grundlegung einer selbständigen Erziehungswissenschaft. ZS f. Päd. 1960, S. 1–21.

[14] Die Zahl 1 wird nicht zu den Primzahlen gerechnet. Diese Absprache ist deshalb zweckmäßig, weil sonst der Satz von der eindeutigen Zerlegung einer natürlichen Zahl in Primfaktoren nicht gelten würde.

ten[15], daß dem Definieren Grenzen gesetzt sind. Man muß gewisse »Grundbegriffe« haben, die nicht auf andere (noch »einfachere«) Begriffe zurückgeführt werden. In der Hilbertschen Theorie sind es die »Punkte«, »Geraden« und »Ebenen«, in der modernen Fassung der Mengenlehre legt man die Begriffe »Menge« und »Enthaltensein« ohne explizite Definition der Theorie zugrunde. Die Eigenschaften dieser Begriffe werden durch die Axiome festgelegt.

Georg Cantor selbst, der Begründer der Mengenlehre, hielt noch den folgenden Satz für eine »Definition« des Begriffes »Menge«:

> Eine Menge ist eine Zusammenfassung bestimmter wohlunterschiedener Objekte unserer Anschauung oder unseres Denkens, welche die *Elemente* der Menge genannt werden, zu einem Ganzen.

Das moderne Wörterbuch von Naas-Schmid sagt zu dieser Erklärung:

> Diese Erläuterung des Begriffes der Menge kann nicht als eine strenge Definition angesehen werden, sie kann vielmehr nur dazu dienen, eine ungefähre Vorstellung vom Begriff einer Menge zu erwecken. Es ist überhaupt nicht angemessen, eine Definition des Begriffes der Menge an die Spitze der Mengenlehre zu stellen.

Wir müssen uns versagen, diesen Verzicht hier ausführlich zu begründen[16]. Es mag der Hinweis genügen, daß der Mathematiker aus guten Gründen empfindlich ist gegen unzulängliche Definitionen. Kann man annehmen, daß man den Begriff »Bildung« durch eine saubere Erklärung auf bereits einwandfrei »bekannte« Begriffe des philosophischen oder pädagogischen Sprachgebrauchs zurückführen kann? Führt nicht jeder Versuch (s. o.!) dazu, nur neue, ebenfalls ungesicherte Termini ins Feld zu führen? Ist es nicht vernünftig, auf Scheindefinitionen zu verzichten und sich allenfalls mit einer »Erläuterung« zu begnügen, die natürlich keine gewichtigere Bedeutung haben könnte als etwa die klassische Definition der »Menge« für die moderne Mathematik?

[15] Seit einigen Jahrzehnten: Hilberts ›Grundlagen der Geometrie‹ erschienen 1899. – Mindestens seit einigen Jahrzehnten: Schon bei Pascal findet sich die Einsicht, daß man nicht alles definieren kann; vgl. dazu das Motto von Kap. IV!

[16] Vgl. dazu z. B. [38].

Heinrich Scholz schrieb in der Festschrift für Eduard Spranger[17] über den Begriff der Bildung:

> Wir gehen von zwei Voraussetzungen aus: 1. Bildung ist etwas, was nicht ohne Ausbildung zu erlangen ist. Je gründlicher diese Ausbildung, um so besser für die Bildung, die mit ihrer Hilfe erzeugt werden soll. 2. Bildung ist etwas, was in keinem Falle mit Ausbildung verwechselt werden oder in Ausbildung aufgehen darf.
>
> Es gibt eine Interpretation der Bildung, die diese beiden Voraussetzungen erfüllt. Sie ist mir in meinen frühen Tagen begegnet. Ich möchte sie auch jetzt noch festhalten dürfen; denn eine bessere ist seitdem nicht zu meiner Kenntnis gelangt. Sie lautet so: »Bildung ist das, was übrig bleibt, wenn man vergessen hat, was man gelernt hat.«

Wir dürfen bei dem Logistiker Heinrich Scholz unterstellen, daß er diese »Interpretation« nicht für eine »Definition« hält. Wir sind mit ihm der Auffassung, daß Besseres über das Wesen der Bildung noch nicht gesagt wurde.

Verzichten wir also auf ungesicherte Bildungstheorien! Verzichten wir auch auf »Präambeln« mit zweifelhaften »Bildungszielen« in den Lehrplänen!

Wir möchten auch in dieser Schrift anders vorgehen. Stellen wir fest, daß wir Mathematik treiben, *weil wir sie brauchen für das Verständnis der Welt, in der wir leben.* Die Wissenschaft von den »formalen Systemen« ist für das Funktionieren unserer industriellen Gesellschaft einfach unerläßlich. Wir können noch hinzufügen, *daß wir Freude haben an ihrer strengen Klarheit*, aber wir motivieren ihren Platz in unseren Schulen nicht mit »Bildungszielen«, die aus irgendeiner vorgefaßten Ideologie, aus einem »Bild vom Menschen« bestimmt sind.

Die Frage nach der Bildung des Menschen durch diese Wissenschaft wollen wir erst a posteriori stellen:

Was geschieht mit dem Menschen, der – sei es aus Leidenschaft, sei es aus Rücksicht auf das gewählte Berufsziel – sich intensiv mit den exakten Wissenschaften beschäftigt? Wird dadurch sein Charakter, seine Denkweise anders geformt als bei den Jüngern der Geisteswissenschaft? Wir glauben, daß das in der Tat der Fall ist. Es gibt typische Bildungselemente des mathematischen Unterrichts, die anderen Disziplinen nicht (oder

[17] [58], S. 119–124.

doch nicht in dem ausgeprägten Maße) zu eigen sind wie der Wissenschaft von den »formalen Systemen«. Es erscheint uns bedeutsam, daß diese Möglichkeit der Menschenbildung von uns nicht aus einer vorgefaßten Ideologie entwickelt wird, sondern einfach die unvermeidliche Folge der Beschäftigung mit jener Disziplin ist, auf die wir bei der Beschreibung unserer Welt auf gar keinen Fall verzichten können. Die Bildung des Menschen durch die Mathematik (manches, was wir zu sagen haben, gilt auch für die anderen exakten Wissenschaften) hat Gewicht und Würde vor allem deshalb, weil hier nicht vorgefaßte und morgen vielleicht schon zu verwerfende Ideologien den Ausschlag gegeben haben. Hier geht es einfach um die Bildung des Menschen durch eine unvoreingenommene Begegnung mit dem Objektiven.

Wenn wir die Mathematik (wie die Naturwissenschaften) dem »Objektiven« zurechnen, so bedarf das einer Begründung. Wir wollen damit nicht eine Deutung der Mathematik vorwegnehmen, die die »Wissenschaft von den formalen Systemen« zu einer »Erfahrungswissenschaft« macht. Bei der Beschäftigung mit der Mathematik zeigt es sich jedenfalls, daß man die Aussagen über ihre Systeme nicht nach Belieben drehen und pressen kann. Ob sie nun Abstraktionen aus der physikalischen Erfahrung sind oder willkürliche Schöpfungen des Menschen: Sie führen eine Art von Eigenleben. Es ist dem Mathematiker ebensowenig möglich wie dem Physiker, die Aussagen seiner Wissenschaft nach Wunsch zu »deuten«.

In dieser Einleitung wurde bereits klar, daß die Beschäftigung mit der Mathematik die Denkweise des Menschen (auch abseits von seiner Fachwissenschaft) beeinflußt. Wir haben uns geweigert, ungesicherte Definitionen und zweifelhafte Bildungstheorien zu akzeptieren, weil die Erfahrungen mit den Definitionen in der Mathematik uns vorsichtig gemacht haben. Nehmen wir also vorweg: *Der Mathematiker wird oft ein unbequemer Gesprächspartner sein für den nur geisteswissenschaftlich geschulten Pädagogen oder Philosophen.*

Wenn wir in dieser Schrift versuchen, die Auswirkungen des mathematischen Denkens auf andere Bereiche zu untersuchen, dann verlassen wir das sichere Feld mathematischer Deduktionen. Es gibt keine Meinungsverschiedenheiten über das, was aus einem wohlbestimmten mathematischen Axiomensystem deduziert werden kann. Es kann natürlich auch in diesem Bereich *Irrtümer* geben, aber darüber pflegt man sich rasch zu verständigen. Wenn wir über die *Auswirkungen* der Beschäftigung mit der Mathematik sprechen, können wir nicht mit Sicherheit auf allgemeine Zustimmung rechnen. Allerdings wissen wir uns des Einverständnisses der überwiegenden Mehrheit der *Mathematiker* an Schulen und Hochschulen sicher, wenn wir etwa die folgenden Thesen begründen:

Die Beschäftigung mit der Mathematik erzieht zu objektivem Denken,
sie wehrt der unzulässigen Verallgemeinerung,
sie bewirkt eine Präzision der Sprache.

Wir wollen aber noch einen Schritt weitergehen und bekennen, daß wir solche Effekte wissenschaftlicher Arbeit für *wünschenswert* halten. Das, was man wünscht, kann man nicht more geometrico aus dem Seienden deduzieren. Das weiß niemand besser als der Mathematiker. Und deshalb rechnen wir auch damit, daß man uns widerspricht.

Immerhin: Wir stellen uns hier einer vom Menschen zunächst *nicht erstrebten Wirkung* der Forschung. Schließlich ist es schon öfter vorgekommen, daß der Wissenschaftler von der Forschung »desavouiert« wurde. Hilbert wollte die Widerspruchsfreiheit seiner formalen Systeme systematisch begründen, und es stellte sich heraus, daß das nur bedingt möglich war[18]. In der Physik haben wir immer wieder erlebt, daß anscheinend sicher fundierte Theorien korrigiert werden mußten. Solche Erfahrungen sind nicht vergnüglich, aber die Forscher haben sich diesen Einsichten gestellt.

Es könnte sein, daß gerade diese Tatsachen den Bildungseffekten der Forschung besonderes Gewicht verleihen. *Es könnte sein, daß die bildende Kraft der exakten Wissenschaften gerade deshalb anerkannt wird, weil sie nicht den Menschen in seinen Ideologien bestätigt.*

Natürlich können wir nicht erwarten, daß die Bildungsmöglichkeiten des mathematischen Unterrichts immer und in jedem Fall in gleicher Weise zum Zuge kommen. Wenn etwa der Lehrer (um möglichst viel Anwendbares mitzugeben) wissenschaftlich unsauber unterrichtet, kann man nicht hoffen, daß sich die Auswirkungen exakten Arbeitens einstellen.

Es gibt in der Geschichte der exakten Wissenschaften solche Perioden, an denen das »Veto« der Forschung gegen die unzu-

[18] Näheres in [38].

lässige Verallgemeinerung besonders deutlich wird. Wenn wir diesen Bildungseffekt bejahen, werden wir im Unterricht gerade solche Stücke aus der Geschichte der Mathematik behandeln[19] Wir werden mathematische Paradoxien[20] und Grundlagenprobleme in den Unterricht an Schule und Universität hineinnehmen, um die Bildungsmöglichkeiten in den exakten Wissenschaften auszuschöpfen. Deshalb werden wir in dieser Schrift auch häufig auf didaktische Probleme eingehen und Vorschläge für die Gestaltung des Unterrichts machen. Natürlich ist dieses Buch keine systematische Methodik des mathematischen Unterrichts. Wir meinen: ein Lehrer, der für seinen Beruf angemessen vorbereitet ist, braucht keine für jeden Fall und jede Altersstufe durchgeführte Anleitung. Es könnten ihm aber Hinweise erwünscht sein auf eine schulgerechte Behandlung bildungswichtiger Fragestellungen.

[19] Beispiel: Die Entdeckung der inkommensurablen Strecken durch die Pythagoreer, vgl. S. 38ff.
[20] Vgl. Kap. III.

II. Erziehung zur Objektivität

Warum wollt ihr immerzu glauben, was euch gefällt?
M. Frisch[1]

1. Russells Postulat

Was wir in diesem Kapitel über die Erziehung zur Objektivität zu sagen haben, gilt nicht nur für die Mathematik, sondern (mit geringen Variationen in den Begründungen) für alle exakten Wissenschaften.

Bertrand Russell hat dem Postulat der Naturforscher nach bedingungsloser Objektivität klassischen Ausdruck verliehen[2]:

> Naturwissenschaftliche Haltung erfordert den Verzicht auf alle anderen Wünsche und Interessen im Dienste des Forschungsdranges, sie verlangt die Unterdrückung von Hoffnung und Furcht, von Liebe und Haß und des gesamten subjektiven Gefühlslebens, bis wir imstande sind, das vorliegende Tatsachenmaterial ohne Vorurteil, ohne Neigung oder Abneigung und ohne einen andern Wunsch zu betrachten als den, es so zu sehen, wie es ist, und ohne den Glauben, daß das, was es wirklich ist, durch irgendeine positive oder negative Relation zu dem bestimmt sei, als das wir es gern sehen möchten oder als das wir es uns leicht vorstellen können.

Es liegt die Frage nahe, ob denn diese Haltung für die Naturwissenschaften charakteristisch sei. Ist nicht die von Russell geforderte Haltung die Voraussetzung für *jede* wissenschaftliche Arbeit? Der englische Forscher fügt seinen Thesen noch die Bemerkung zu: »Die Philosophie hat eine solche geistige Haltung noch nicht erreicht.« Wie steht es aber mit den anderen klassischen Wissenschaften, etwa der Philologie und der Geschichte? Ist nicht auch für diese Bereiche der »Verzicht auf alle andern Wünsche und Interessen im Dienste des Forschungsdranges« im Interesse der Arbeit geboten? Das ist natürlich nicht zu bestreiten. Vielleicht sind die Naturwissenschaften vor anderen Forschungsgebieten dadurch ausgezeichnet, daß sie den Wissenschaftler zur Unbestechlichkeit einfach zwingen? Der Drama-

[1] Don Juan oder die Liebe zur Geometrie. In: Spectaculum, sieben moderne Theaterstücke. Frankfurt a. M. 1956, S. 346b.

[2] [56], S. 47.

tiker Max Frisch läßt den Helden seines Stückes ›Don Juan oder die Liebe zur Geometrie‹ dies über das Dreieck des Geometers sagen[3]:

> Unentrinnbar wie ein Schicksal; da hilft kein Rütteln und Zwängeln, kein Schwindeln, es gibt nur eine einzige Figur aus den drei Teilen, die dir gegeben sind. Hoffnung, das Scheinbare unabsehbarer Möglichkeiten, was unser Herz so oft verwirrt, zerfällt wie ein Wahn vor den drei Strichen. So und nicht anders! sagt die Geometrie.

Natürlich ist auch ein mit einem Forschungsvorhaben befaßter Mathematiker nicht völlig frei von »Wünschen und Interessen«. Wenn er etwa die Möglichkeit sieht, die Existenz einer Funktion mit gewissen bemerkenswerten Abbildungseigenschaften nachzuweisen, dann *wünscht* er schließlich auch, daß ihm das gelingen möge, daß etwa die zur Beschreibung der Funktion entwickelte Reihe konvergiere. Aber natürlich genügt dieser Wunsch nicht, um die Existenz der Abbildungsfunktion zu behaupten. Es muß zuerst *bewiesen* werden, daß die aufgestellte Reihe tatsächlich konvergent ist.

Für den Physiker und Chemiker tritt an die Stelle der zwingenden Deduktion der Versuch, der immer und überall wiederholbare Versuch. Es hat keinen Sinn, ungesicherte oder gar falsche Versuchsergebnisse zu veröffentlichen: Die Experimente können ja in allen Laboratorien unter den entsprechenden Bedingungen wiederholt werden. Und es hat sich bisher noch immer gezeigt, daß die Natur in Washington und Moskau, in London und Berlin auf die ihr gestellten Fragen die gleiche Antwort gibt.

Trotzdem hat die Bereitschaft der Forscher zu bedingungsloser Objektivität in den letzten Jahrzehnten manche Belastungsprobe bestehen müssen. Man denke etwa an die Situation der Physik zu Beginn des Jahrhunderts. Die elektromagnetische Theorie der Elektrizität galt als ein gesichertes Ergebnis der Forschung. Und nun mußte man im Bereiche der Atomphysik Beobachtungen registrieren, die sich zwar nach der Planckschen Quantentheorie, nicht aber nach den klassischen Vorstellungen über elektrische Strahlung erklären ließen. Dieses Nebeneinander verschiedenartiger und zunächst nicht unter einem höheren Gesichtspunkt zu vereinbarender Betrachtungsweisen ist für den an Ordnung und Klarheit interessierten Physiker durchaus

[3] a. a. O., S. 346 a.

unerfreulich. Aber diese Zeit wurde durchgestanden, und die an unbestechliche Redlichkeit gewohnten Forscher erlagen nicht der Versuchung, die neuen Ergebnisse zu verfälschen oder zu unterdrücken.

Auch die Geschichte der Mathematik hat ähnliche Situationen aufzuweisen. Über zwei Jahrtausende lang haben Generationen von Mathematikern versucht, das euklidische Parallelenpostulat zu beweisen[4]. Die Tatsache, daß das nicht gelang, wurde als eine Schande für die Menschheit empfunden. So schreibt Wolfgang Bólyai an seinen Sohn Johann über das damals noch offene Problem:

> Es ist unbegreiflich, daß diese unabwendbare Dunkelheit, diese ewige Sonnenfinsternis, dieser Makel in der Geometrie zugelassen wurde, diese ewige Wolke an der jungfräulichen Wahrheit.

»Verewigt« wurde diese »Wolke an der jungfräulichen Wahrheit« der Geometrie aber erst durch die Entdeckung Johanns, daß eine »nichteuklidische Geometrie« in sich widerspruchsfrei möglich sei, der Beweis des euklidischen Parallelenpostulat also unmöglich ist. Johann Bólyai und die von ihm (und Nikolai I. Lobatschewsky) lernenden späteren Generationen von Mathematikern mußten erkennen, daß ihr Wunschtraum nicht erfüllbar sei. Sie stellten sich der »Realität« und lernten um.

Zu Beginn dieses Jahrhunderts entwickelte David Hilbert den Plan, die Mathematik durch Formalisierung ihrer Grundlagen und durch Nachweis der Widerspruchsfreiheit der »formalen Systeme« neu zu fundieren. Es stellte sich heraus, daß dieses Programm nicht uneingeschränkt realisierbar war: Die Widerspruchsfreiheit der formalen Zahlentheorie z. B. läßt sich (nach Karl Gödel) nicht mit den Mitteln des Systems selbst beweisen[5]. Da gab es kein »Rütteln und Zwängeln«: Die Einschränkung der Hilbertschen Zielsetzung mußte hingenommen werden.

Es wäre verfehlt, wollte man die Objektivität der Physiker und Mathematiker als ein besonderes Verdienst herausstellen. Wer sich den Konsequenzen des mathematischen Denkens nicht stellen wollte, würde sich selbst aufgeben. Wir werden zu prüfen haben, wie weit sich diese harte Schule des kompromißlosen

[4] Vgl. dazu [35].
[5] Vgl. dazu Kap: VI.

Denkens beim Mathematiker und Physiker außerhalb seiner eigentlichen Facharbeit auswirkt.

2. Objektivität in anderen Disziplinen

Bevor wir darauf eingehen, wollen wir fragen, ob denn das Bekenntnis zu unbestechlicher Objektivität nur bei den Naturwissenschaftlern zu finden sei. Auch die Philologen und die Historiker werden für sich beanspruchen, daß sie ihr Tatsachenmaterial »ohne Vorurteil«, »ohne Neigung oder Abneigung« betrachten. Das ist nicht zu bestreiten. Immerhin ist die Versuchung und die Möglichkeit zu »sündigen« hier größer als im Bereich der exakten Wissenschaften. Die *Versuchung:* Die Ergebnisse des Historikers sind unter Umständen von hohem Interesse für politische Entscheidungen unserer Tage. Es könnte sein, daß ein Historiker (ohne es zu wollen) Deutungen vollzieht, die seinem politischen Standpunkt entsprechen. Wichtiger aber ist ein anderer Unterschied zwischen der Arbeit des Historikers und der des Naturwissenschaftlers.

Der Physiker kann immer neue Fragen an die Natur stellen. Er kann immer neue Experimente durchführen und so die Daten seiner Meßreihen verdichten. Damit hat er eine gute Aussicht, zu gesicherten Aussagen zu kommen, die in einem gewissen Bereich der Meßwerte »allgemein gültig« sind. Der Historiker hat es viel schwerer. Er kann nicht experimentieren. Die Zahl seiner Einzelaussagen ist etwa durch das vorhandene Schrifttum begrenzt, und er kann nur dann auf Erweiterung seiner Einzelaussagen rechnen, wenn er durch Ausgrabungen oder durch Schriftenfunde zu neuem Material kommt. Ob das geschieht, liegt nur sehr bedingt in seiner Hand. Damit hängt es zusammen, daß Aussagen in Form von allgemeinen Gesetzen beim Historiker nicht so leicht möglich sind wie in der Naturwissenschaft. Da es aber kein Vergnügen ist, immer nur zu sagen, daß man nichts zu sagen hat, liegt die Versuchung sehr nahe, auch bei relativ bescheidenem Material zu extrapolieren oder »allgemeine« Gesetze herauszufinden.

Weit ärgerlicher als solche gelegentlich vorkommenden Voreiligkeiten sind Verstöße gegen das Postulat der Objektivität, die durch ideologische Befangenheit motiviert sind. Leider finden sie sich in unseren Tagen sehr häufig in allen jenen Disziplinen, die für politische Entscheidungen bedeutsam sind.

Wir verzichten darauf, Beispiele für die ideologische Belastung der Forschung in totalitären Staaten zusammenzutragen. Sie sind hinreichend bekannt. Es sollte aber gesagt werden, daß es ideologische Belastungen gibt, die nicht durch die brutale Gewalt eines Regierungssystems erzwungen sind. Wir beschränken uns bei der Diskussion dieser Frage auf einen Problemkreis, der für uns besonders interessant ist (und uns später ausführlicher beschäftigen soll[6]): die Frage nach dem Wesen und dem Ursprung der *Begabung.*

Da lesen wir in dem Gutachtenband ›Begabung und Lernen‹ in einem Beitrag von Karlheinz Ingenkamp[7]:

> Die Demokratie braucht eine vorwiegend dynamische Begabungsvorstellung, um wesentliche Merkmale ihrer Staatsform und Gesellschaftspolitik rechtfertigen zu können.

Hier wird doch unverhüllt gefordert, daß die heute so geförderte sogenannte »Bildungsforschung« sich schon in ihrer *Begriffsbildung* zur Rechtfertigung einer Staatsform und ihrer Gesellschaftspolitik hergeben soll. Eine solche »Wissenschaft« ist ganz gewiß nicht fähig zu dem »Verzicht« auf alle anderen Wünsche und Interessen im Dienst des Forschungsdranges. Und dabei ist die Frage nach dem Wesen der Begabung eine besonders schwierige Frage, die für die Praxis der Schularbeit bedeutsam ist. Welche Bedeutung haben Anlage und Vererbung (man darf diese beiden Faktoren nicht einfach identifizieren), welchen Einfluß die Umwelt? Untersuchungen zu dieser Frage kann man gewiß nicht wie eine geometrische Deduktion führen. Aber gerade deshalb ist es wichtig, daß sich der an der Wahrheit interessierte Forscher um strikte Objektivität seiner Untersuchungen im Sinne des Russellschen Postulates bemüht.

Aber leider ist davon in vielen modernen Publikationen nichts zu spüren. Hans Heise hat in seinen ›Ketzerischen Gedanken eines Naturwissenschaftlers zu einem umstrittenen Problem‹ in dankenswerter Weise eine kritische Würdigung einer größeren Zahl von Arbeiten zum Begabungsproblem gegeben. Er kommt zu dem Schluß[8]:

> Es zeigt sich, daß diese Aussagen[9] wesentlichen Kriterien wissenschaftlicher Forschung, nämlich Objektivität, Nachprüf-

[6] Vgl. Kap. XI.
[7] [55], S. 407.
[8] In [21], S. 137.
[9] Zum Begabungsproblem.

barkeit und Eindeutigkeit, *nicht* genügen, so daß für den kritischen Leser der Eindruck entsteht, daß es den Autoren vielfach gar nicht um Klärung von Sachverhalten, sondern – unter dem Deckmantel angeblicher Wissenschaftlichkeit – um die Begründung von vorwiegend weltanschaulich-normativ bestimmten Forderungen geht.

Wir wollen uns darauf beschränken, eines der Heiseschen Beispiele anzuführen, um seine These verständlich zu machen. Er befaßt sich in dem Aufsatz mit dem Beitrag von H. Ritter und W. Engel in dem Sammelband ›Begabung und Lernen‹[10]:

> Leicht verwirrt wird der mit naturwissenschaftlichen Arbeits- und Beweismethoden vertraute Leser, wenn er im Zusammenhang mit der Frage nach der Anlagebedingtheit von Begabung auf S. 100 folgendes liest: »Bei den Versuchen zu genetischen Analysen hat man ursprünglich mit Hilfe der Familienkasuistik die besondere Bedeutung der Vererbung nachweisen wollen.« Nach einer Aufzählung der bekannten einschlägigen Arbeiten über Familien mit Höchstbegabten einerseits, mit Schwachsinnigen, Psychopathen und Kriminellen andererseits fahren die Verfasser fort: »Der vorzüglichen vernichtenden Kritik von Jaspers (1959) und Révész (1952) ist nichts hinzuzufügen.«

Diese Erledigung eines strittigen Problems durch Berufung auf »Autoritäten« erinnert an die Denkweise des Mittelalters. In diesem Fall ist die Berufung auf Geza Révész und Karl Jaspers noch dazu höchst zweifelhaft: Révész wird zwar zitiert, aber das Zitat ist keineswegs eine »vernichtende Kritik« an der Vererbungstheorie, zumal derselbe Autor an anderen Stellen seines Buches die Bedeutung der Vererbung für die Begabung durchaus würdigt[11]. So heißt es bei Révész[12]:

> Die Erbanlage dieser begabten Persönlichkeiten ist so mächtig, daß die Variabilität der äußeren Verhältnisse, unter denen sie aufwachsen, ihr Innengeschehen kaum berührt.

Und Jaspers? Heise versuchte vergebens, in Jaspers ›Allgemeiner Psychopathologie‹ eine Stelle zu finden, die als »vorzügliche, vernichtende Kritik« zu deuten war. Er schrieb deshalb an einen der Autoren (Ritter) und bat um Angabe der Stelle,

[10] H. Roth (Hrsg.), Begabung und Lernen. Stuttgart 1969.
[11] Vgl. [21], S. 130.
[12] G. Révész, Talent und Genie. Grundzüge einer Begabungspsychologie. München 1952, S. 34.

auf die er sich berufen hatte. Er war »nicht in der Lage, eine so zu deutende Stelle anzugeben, mit der Begründung, daß die dafür erforderlichen Unterlagen nicht mehr vorhanden seien«[13].

Man würde die Absichten von Heise gewiß mißverstehen, wollte man ihm unterstellen, irgendeiner Vererbungstheorie das Wort zu reden. Es geht hier in dieser Auseinandersetzung gar nicht um dieses oder jenes *Ergebnis*, sondern um die für den Naturwissenschaftler und Mathematiker so erschreckenden *Methoden*.

Man mag einwenden, daß der Mathematiker und Naturwissenschaftler es leicht habe, »objektiv« zu sein: Ob eine Ungleichung richtig ist oder nicht, ob die vierte Dezimale einer physikalischen Konstante eine 3 oder eine 2 ist, ist für die Gesellschaft nicht so entscheidend wie die Antwort auf die Frage nach dem Wesen der Begabung und der daraus resultierenden Organisationsform unserer Schulen.

Wirkt sich denn der Zwang zur Objektivität bei Mathematikern auch bei solchen Fragestellungen aus, die außerhalb seines eigentlichen Fachbereiches liegen?

3. Objektivität und Toleranz

Es sei an die in der Einleitung gegebene Interpretation von »Bildung« erinnert. Sind die Vertreter der exakten Wissenschaften als Philosophen, als Staatsbürger und Politiker (dann also, wenn sie ihre Fachwissenschaft »vergessen« haben) von einer vorbildlichen Objektivität?

Wir sind objektiv genug, diese Frage nicht uneingeschränkt zu bejahen. Es kommt auch bei Mathematikern vor, daß bei der Diskussion über Grundlagenfragen weltanschauliche Voreingenommenheit sich auswirkt.

Der mathematische Formalismus geht aus von Axiomensystemen, die zwar in sich widerspruchsfrei sein sollen (außerdem vollständig und unabhängig), im übrigen aber keiner Begründung bedürfen. Die Frage nach dem »Seinsgrund« etwa der Axiome für unser System der natürlichen Zahlen bleibt offen. Alexander Mostowski[14] sagt dazu:

[13] Vgl. [21], S. 130.

[14] Die Hauptreferate des 8. polnischen Mathematikerkongresses, 6.–12. September 1953 in Warschau, Berlin 1954, S. 20.

> Der einzig konsequente Standpunkt, der sowohl mit dem gesunden Menschenverstand als auch mit der mathematischen Tradition in Einklang steht, ist ... die Annahme, daß Ursprung und letzte »raison d'être« (Seinsgrund) des Begriffes Zahl, sowohl der natürlichen als auch der reellen, in der Erfahrung und in der praktischen Anwendbarkeit liegen.

Die Meinung, daß etwa hinter den Peanoschen Axiomen für die natürlichen Zahlen »Erfahrung und praktische Anwendbarkeit« stehen, klingt ganz plausibel. Man könnte darüber reden, wenn Mostowski nicht seinen Standpunkt als den »einzig konsequenten« bezeichnen würde. So einfach liegen die Dinge nun doch nicht. Man hat früher geglaubt, daß die Vorstellung des Kontinuums aus der Beobachtung stamme. Wir wissen heute, daß die Natur »Sprünge macht«, und die Idee der einer Menge von reellen Zahlen entsprechenden Strecke hat tatsächlich kein Äquivalent in der Natur. Deshalb erscheint die These gewagt, daß der Zahlenbegriff *nur* von der Erfahrung und der praktischen Anwendbarkeit her zu fundieren sei.

Die Formalisten unter den Mathematikern haben aus guten Gründen auf alle ontologischen Aussagen verzichtet. Die hinter den mathematischen und physikalischen Grundlagenfragen stehenden Probleme lassen durchaus ein »Rütteln und Zwängeln« zu, um mit Frischs Don Juan zu sprechen. Es ist wenig gewonnen, wenn man hier die unvermeidliche Unsicherheit durch einen neuen Dogmatismus ersetzt.

Wir verzichten darauf, weitere Beispiele weltanschaulicher Voreingenommenheit im Bereich der Grundlagenforschung zusammenzutragen. »Dogmatiker« sind im Bereich der exakten Wissenschaft selten. Im allgemeinen unterscheidet man scharf zwischen den gesicherten Aussagen der »formalen Systeme« und dem Philosophieren über metaphysische Fragen.

Arend Heyting, einer der führenden Männer der modernen intuitionistischen Schule, sagt über das Verhältnis von Mathematik und Metaphysik[15]:

> We have no objection against a mathematician privately admitting any metaphysical theory he likes ... In fact all mathematicians ... are convinced that in some sense mathematics bear eternal truth, but when trying to define precisely this sense, one gets entangled in a maze of metaphysical

[15] [23], S. 2.

difficulties. The only way to avoid them is to banish them from mathematics.

Diese Haltung ist die Konsequenz der von Russell geforderten Objektivität. Wenn man »ohne Vorurteil, ohne Neigung und Abneigung« forschen will, muß man die Unsicherheit aller metaphysischen Deduktionen zugestehen und muß sich davor hüten, solche Thesen als gesichert anzusprechen, die einem besonders zusagen. Eine reinliche Scheidung zwischen mathematischer Deduktion und persönlichem Meinen ist dann geboten.

Nun ist freilich nicht zu leugnen, daß gerade die für die Menschheit wichtigen ethischen Fragen in jenen Bereich gehören, der nicht more geometrico behandelt werden kann. Henri Poincaré hat mit Recht gesagt: »Es führt kein Weg von dem, was ist, zu dem, was sein soll.« Natürlich kann man auch die formale Logik für Deduktionen im Bereich der Ethik nutzbar machen. Aber dann muß man ethische Postulate als »gegeben« an den Anfang setzen. Wo nimmt man diese Postulate her?

Wie soll sich der im Geist unbestechlicher Objektivität geschulte Forscher verhalten, wenn er sich den heute so wichtigen ethischen Problemen nicht versagen will? Ein schönes Beispiel für ein solches Philosophieren hat der durch seine Wellenmechanik bekannt gewordene Physiker Erwin Schrödinger gegeben.

Dieser liebenswürdige Forscher hat sich in seinen späteren Jahren eingehend mit den Grundlagenfragen seiner Wissenschaft und mit philosophischen Problemen befaßt. In seiner Schrift ›Geist und Materie‹ versucht er eine Fundierung einer unserer Zeit gemäßen Ethik. Es ist aber bezeichnend für den an exakte Arbeit gewohnten Naturwissenschaftler, daß er seine philosophischen Bemühungen deutlich von dem Bericht über gesicherte Forschungsergebnisse absetzt. Das Kapitel über die Ethik steht unter der Überschrift ›*Versuch* einer Antwort‹, und an der entscheidenden Stelle seiner Deduktionen sagt er[16]:

Ob Sie dem nächsten Schritt . . . sogleich zustimmen werden, bezweifle ich.

Er *schlägt eine Antwort vor*, wo manche Popularphilosophen ohne Hemmungen fertige Aussagen wagen[17].

[16] [61], S. 5.

[17] Als Beispiel könnte hier genannt werden: Gerhard Szczesny, Die Zukunft des Unglaubens. München 1959, und – leider auch – Max Bense in ›Club Voltaire I‹.

Natürlich ist der Wunsch durchaus berechtigt, den Bereich des Gesicherten in der Mathematik auszuweiten auf die Grundlagenprobleme, die hinter der Wissenschaft von den »formalen Systemen« stehen. Man darf nicht erwarten, daß auf Grund von Untersuchungen im Sinne Schrödingers eines Tages die Ethik im Sicherungsgebiet der exakten Wissenschaften angesiedelt sein wird. Wohl aber ist der Versuch berechtigt, die Frage nach der »Realgeltung der Geometrie« so zu beantworten, daß es unter den Grundlagenforschern auf diesem Gebiet keine Meinungsverschiedenheiten mehr gibt. Hans Reichenbach hat den Versuch unternommen, seinen Ausführungen zum Raumproblem eine zwingende Endgültigkeit zu geben[18]. In verschiedenen Veröffentlichungen, am klarsten aber in seinem ›Aufstieg der wissenschaftlichen Philosophie‹, hat er die an Kant orientierte Lehre von der »reinen Anschauung« abgelehnt, aber auch den von Poincaré und später von Einstein vertretenen »Konventionalismus«. Er will, »da es unter mathematischen Philosophen keine Meinungsverschiedenheit geben kann«, seine Aussagen so deutlich formulieren, daß jeder objektiv arbeitende Forscher, insbesondere auch Albert Einstein, *ihm zustimmen muß*.

Wir finden: Seine Aussagen über die Realgeltung der Geometrie sind gut fundiert, seine Argumente gegen den »Konventionalismus« berechtigt. Aber wichtiger ist es zu erfahren, ob es ihm denn gelungen ist, Einstein zu überzeugen. Wir haben einen Studenten, der in seiner Examensarbeit das Raumproblem behandelte, um die Klärung dieser Frage gebeten. Leider ohne Erfolg: Inzwischen waren Einstein und Reichenbach gestorben.

Es besteht begründete Hoffnung, daß der Geist unbestechlicher Objektivität in der nächsten Zukunft auch eine Gemeinsamkeit der Aussagen auf vielen Gebieten der Grundlagenforschung möglich machen wird. Darüber hinaus ist zu erwarten, daß die von Bertrand Russell geforderte Gesinnung unbestechlicher Sachlichkeit sich bei dem durch die Schule der exakten Wissenschaften gegangenen Menschen auch außerhalb der Facharbeit auswirken wird. Sie ist ein Ergebnis einer Bildungsarbeit, die sich auch dann noch als wirksam erweist, wenn die mathematischen Formeln und die physikalischen Lehrsätze längst vergessen sind.

Daß dies der Fall sei, will eine Anekdote deutlich machen, die Eberhard Buchwald[19] berichtet.

[18] Vgl. dazu [52] und [35], Kap. IX.
[19] [3], S. 19.

Nach einer Autofahrt durch die Lüneburger Heide wurde ein Physiker von Freunden gefragt, ob die Schafe schon geschoren seien. Die Antwort war: »Auf der mir zugewandten Seite nicht!«

Das heißt: Die Beschäftigung mit den exakten Wissenschaften verändert die Denkweise des Menschen so gründlich, daß seine Aussagen auch abseits von den Bereichen seiner Arbeit von einer vorsichtigen Präzision sind.

Natürlich kann man einwenden, daß in diesem Falle des Guten zuviel geschehen sei; wer wird denn ernstlich glauben, daß die Schäfer in der Heide die Schafe nur auf der einen Seite scheren, daß sie weiter ihre Tiere so anordnen könnten, daß dieser Tatbestand von der Straße aus nicht erkennbar wäre? Ist es wirklich glaubhaft, daß die Schafe soviel Humor besitzen, daß sie diesen Spaß mitmachen und nicht durcheinanderlaufen?

Dazu ist zu sagen, daß die Ergebnisse der naturwissenschaftlichen Forschung in den letzten Jahrzehnten weit »unglaubwürdigere« Ergebnisse gezeitigt haben. Es mag sein, daß noch niemand in der Heide eine halb geschorene Schafherde angetroffen hat, aber schließlich würde ein solches Phänomen weder dem klassischen Kausalgesetz noch dem Satz von der Erhaltung der Substanz widersprechen.

Gerade weil Physik und Mathematik so überreich an Paradoxien[20] sind, sind sie besser als andere Wissenschaften geeignet, zu unbestechlicher Objektivität zu erziehen.

[20] Vgl. dazu Kap. III!

III. Die Bildungsfunktion der Paradoxie

> Wer dem Paradoxen gegenübersteht, setzt sich der Wirklichkeit aus.
> Dürrenmatt[1]

1. Paradoxie und Antinomie

Dichter, Philosophen und Theologen sprechen von der Bedeutung des Paradoxen. Friedrich Dürrenmatt wiederholt sich in seinen ›21 Punkten zu den Physikern‹ in immer neuen Äußerungen über die Paradoxien und versichert uns, daß weder die Logiker noch die Physiker, noch die Dramatiker sie vermeiden können. Eine praradoxe Geschichte ist (Punkt 10) »zwar grotesk, aber nicht absurd (sinnwidrig)«.

Immer wieder ist bei Sören Kierkegaard vom Paradoxen die Rede. Wir zitieren aus den ›Tagebüchern‹[2]:

> Das Paradoxe ist das eigentliche *Pathos* des geistigen Lebens, und wie nur große Seelen von Leidenschaft erfaßt werden, so sind nur große Denker dem ausgesetzt, was ich Paradoxe nenne, welche nichts anderes als unausgetragene, große Gedanken sind.
>
> Die Idee der Philosophie ist die Meditation – die des Christentums das Paradox.
>
> Das Paradox ist nicht eine Konzession, sondern eine Kategorie, eine ontologische Bestimmung, die das Verhältnis zwischen einem existierenden erkennenden Geist und der ewigen Wahrheit ausdrückt.

Geben wir schließlich noch einem Theologen das Wort, der oft und gern vom »Paradoxen« spricht. Bei Karl Barth heißt es in der Römerbriefvorlesung[3]:

> Sofern es menschlicherseits zu einem Bejahen und Verstehen Gottes kommt, sofern das seelische Geschehen die Richtung auf Gott, die Bestimmtheit von Gott her empfängt, die Form des Glaubens annimmt, geschieht das Unmögliche, das Wunder, das Paradox.

[1] F. Dürrenmatt, Die Physiker. Zürich 1962, S. 81 ff., Punkt 20.

[2] Hier zitiert nach ›Existenz im Glauben‹. Aus Dokumenten, Briefen und Tagebüchern Sören Kierkegaards übersetzt, ausgewählt und eingeleitet von Liselotte Richter. Berlin 1956, Nrn. 134, 212, 402.

[3] K. Barth, Der Römerbrief. 2. Aufl. München 1926, S. 96.

Wenn Dürrenmatt recht hat mit seiner These, daß im Paradoxen die Wirklichkeit erscheint (»Punkt 19« zu den ›Physikern‹), muß die Begegnung mit der Paradoxie in allen ihren Formen ein wichtiges Element der Menschenbildung sein. Es lohnt sich also, in einer Schrift über Bildungsprobleme das Wesen der Paradoxie und ihr Auftreten in der Schularbeit zu untersuchen.

Nun sind freilich die Äußerungen von Dichtern und existentialistischen Denkern nicht gerade durch Präzision der Begriffsbildung ausgezeichnet[4]. Es erscheint deshalb nicht verkehrt, zur Klärung der Aussagen nach dem Gebrauch des Wortes »paradox« im Bereich der exakten Wissenschaften zu forschen.

Die Physik kennt das hydrostatische und das aerodynamische Paradoxon. Im ersten Fall geht es um die Tatsache, daß der Bodendruck einer Flüssigkeitssäule nur von der Höhe, nicht aber von der Form des Gefäßes abhängig ist. Das »aerodynamische Paradoxon« demonstriert man mit einem Gerät, in dem ein Luftstrom aus einem mit einer Platte versehenen Rohr *R* gegen eine zweite bewegliche Platte *P* strömt (Abb. 1). Durch die auf die bewegliche Platte zuströmende Luft wird nun diese nicht etwa abgestoßen, sondern angezogen.

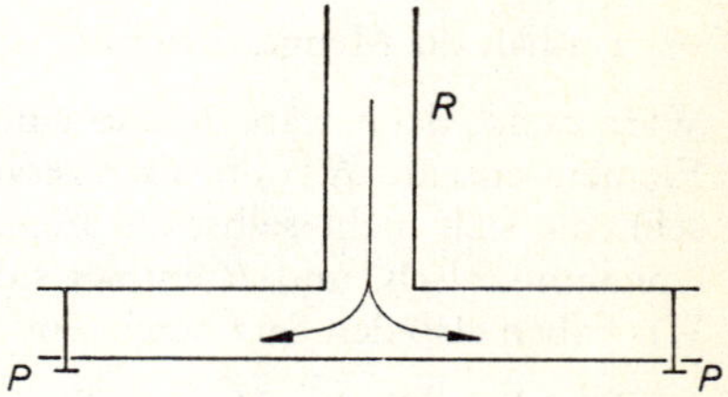

Abb. 1

Eine viel diskutierte Paradoxie ist das Bohrsche Prinzip der Komplementarität. Danach verhält sich das Licht bei gewissen wohlbestimmten Versuchsanordnungen wie ein materielles Teilchen (beim Compton-Effekt z. B.), bei anderen (Interferenzerscheinungen) kann man die Beobachtung nur mit der Wellenvorstellung befriedigend deuten. Das ist eine recht verwirrende Situation, und es ist *verständlich*, wenn die Frage gestellt wird: Was ist das Licht eigentlich? Es kann doch nur *entweder* materiell sein *oder* den Charakter einer Schwingung haben? Registrieren wir zunächst, daß uns das Bohrsche Prinzip *paradox* erscheint.

[4] Vgl. dazu etwa die Kritik von Kurt Reidemeister in [54].

Die Mathematik kennt das Galileische Paradoxon. Dabei geht es um die umkehrbare eindeutige Zuordnung der Menge der natürlichen Zahlen zu einer echten Teilmenge. Man schreibt unter die Folge der Zahlen 1, 2, 3, ... die entsprechenden Quadratzahlen:

$$
(1) \qquad \begin{array}{cccccc} 1 & 2 & 3 & 4 & 5 & 6 \ldots \\ \updownarrow & \updownarrow & \updownarrow & \updownarrow & \updownarrow & \updownarrow \\ 1 & 4 & 9 & 16 & 25 & 36 \ldots \end{array}
$$

Auf diese Weise entsteht eine eindeutige Zuordnung einer Menge N (natürliche Zahlen) zu einer echten Teilmenge (Quadratzahlen). Galilei empfand diese Möglichkeit der Zuordnung als »paradox«, weil sie allen unseren Erfahrungen mit endlichen Dingen widerspricht. Es ist ja unmöglich, eine Menge von 20 Dingen umkehrbar eindeutig einer Teilmenge von 10 Dingen zuzuordnen.

Gelegentlich wird auch ein von Bertrand Russell nachgewiesener Widerspruch in der Mengenlehre als ein »Paradoxon« bezeichnet. Russell prägte den Begriff der »Menge aller Mengen, die sich selbst nicht als Element enthalten«. Wir wollen sie kurz die Russellsche Menge R nennen und fragen:

Enthält die Menge R sich selbst als Element?

Wäre es so, dann wäre R also eine Menge, die sich selbst als Element enthält. R sollte aber gerade die Menge aller Mengen sein, die sich nicht selbst als Element enthalten. Also ist die Annahme falsch, und R enthält sich nicht selbst als Element. Wir haben also den Satz bewiesen:

(A) Die Russellsche Menge R enthält sich nicht selbst als Element.

Man kann den Beweis hier schließen in dem Bewußtsein, eine Aussage über eine interessante Menge begründet zu haben. Es ist aber auch die folgende weitere Überlegung möglich: Nehmen wir an (Satz A!), R enthält sich selbst nicht als Element. Da R gerade die Menge aller Mengen mit dieser Eigenschaft ist, muß R sich doch als Element enthalten:

(B) Die Russellsche Menge R enthält sich selbst als Element.

Die Sätze (A) und (B) stehen aber im Widerspruch. Es gibt eine scherzhafte Einkleidung dieser Antinomie, die wir nicht unterschlagen wollen.

In einer großen Bibliothek gibt es Katalogbände, in denen alle Bücher registriert sind. Auch die Katalogbände seien dabei notiert. Es kann dann solche Kataloge geben, – die sich selber registrieren – und andere, die das nicht tun. Es sei *K* ein Katalogband, der alle die Kataloge registriert, die sich nicht selbst registrieren. Registriert *K* sich selbst? Zwischen den von Russell und Galilei gegebenen Beispielen besteht nun ein gewichtiger Unterschied. Die beiden von Russell deduzierten Sätze (A) und (B) stehen in einem eindeutigen Widerspruch. Satz (A) ist die Negation von Satz (B), und die Deduktion behauptet also die Äquivalenz der Aussage *A* und ihrer Negation non *A*[5]:

(2) $$A \leftrightarrow \text{non } A.$$

Äquivalenzen von Typ (2) heißen *Antinomien*. In der mathematischen Logik zeigt man[6], daß durch den Einbau nur *einer* Antinomie (2) in die Deduktion jede beliebige Aussage *B* beweisbar wird.

Das bedeutet: Der Umgang mit Antinomien ist gefährlich. Jede Deduktion wird zum Unsinn, wenn man solche Begriffsbildungen zuläßt, die Antinomien ermöglichen. Man hat deshalb für die Mengenlehre die sogenannten imprädikablen Begriffsbildungen ausgeschlossen, um die Widerspruchsfreiheit der Theorie nicht zu gefährden[7].

Von ganz anderem Charakter ist die Galileische Paradoxie. Die Zuordnung (1) ist nicht falsch, und sie gibt zu keinerlei Widersprüchen Anlaß. Sie *erscheint* dem Anfänger nur unglaubwürdig, wenn er bisher nur den Umgang mit endlichen Mengen gewohnt war. Es ist notwendig, scharf zwischen einer *Paradoxie* und einer *Antinomie* zu unterscheiden. Eine Antinomie ist ein echter Widerspruch, die Behauptung, daß eine Aussage *A* und ihre Negation non *A* den gleichen Wahrheitswert habe. Eine Paradoxie ist eine wahre Aussage, die dem Anfänger falsch zu sein *scheint*. Die Feststellung, daß ein mathematischer Satz paradox sei, ist demnach eine psychologische These, keine mathematische. Mit fortschreitender Einsicht kann sich der paradoxe Charakter einer Aussage verflüchtigen. Wenn jemand die Galileische Paradoxie kennenlernt, *nachdem* er sich eine Weile mit den Ergebnissen der modernen Mengenlehre befaßt hat, so wird er vielleicht gar nicht mehr verstehen, weshalb Galilei die Zu-

[5] Zur Einführung in die Elemente der mathematischen Logik vgl. z. B. [38] oder [41].
[6] [38], S. 70ff.
[7] a. a. O., Kap. XI.

ordnung (1) als paradox empfand. Die moderne Mathematik kennt viele solcher eindeutigen Zuordnungen von unendlichen Mengen auf echte Teilmengen. Der Anfänger aber ist geneigt, von den endlichen auf die unendlichen Mengen zu schließen und unzulässig zu verallgemeinern.

Sprechen wir also von der Galileischen *Paradoxie*, aber von der Russellschen *Antinomie*[8]. Bei den drei Beispielen aus dem Bereich der Physik handelt es sich durchweg um Paradoxien im Sinne unserer Definition. Beim Bohrschen Prinzip könnte man allerdings meinen, daß hier eine Antinomie vorläge. Aber man muß einsehen, daß das Entweder-Oder (*entweder* Welle *oder* Korpuskel) nicht echt ist. »Welle« und »Korpuskel« sind Begriffe aus der Makrophysik. Wer sagt uns, daß in der Welt des Atoms die aus der Mechanik der festen und flüssigen Körper stammenden Begriffe noch brauchbar sind? Es gibt Grenzen nicht nur für die Gültigkeit physikalischer Gesetze, sondern auch für die Anwendbarkeit von Begriffen und Definitionen. Man kann zufrieden sein, daß bei gewissen Experimenten der Begriff »Korpuskel« *noch* anwendbar ist (*gerade* noch anwendbar ist), bei anderen der Begriff »Welle«. Vielleicht muß man im Bereich der Atomphysik zur Beschreibung der Meßergebnisse ganz andere Begriffe heranziehen als in der Makrophysik? Vielleicht gelingt eines Tages eine Beschreibung der Meßergebnisse durch eine mathematische Struktur, die beide Typen von Phänomenen deutet[9].

2. Die Paradoxie als Bildungselement

Das Bohrsche Prinzip der Komplementarität ist eine besonders bildungswichtige Paradoxie, weil sie uns deutlich macht, daß es auch eine unzulässige Ausweitung des Anwendungsbereiches von Begriffen gibt. Allen Paradoxien ist gemeinsam, daß sie eine unzulässige Verallgemeinerung ad absurdum führen. Darin liegt ihre Bedeutung für die Menschenbildung: *Die mancherlei Ideologien unserer Tage leben ja von der unzulässigen Verallgemeinerung von Teilwahrheiten zu einem universalen Gesetz, und sie erklären Denkgewohnheiten zu Denknotwendigkeiten. Wer aber immer wieder durch*

[8] In dem mathematischen Wörterbuch von Naas-Schmid werden die Begriffe Antinomie und Paradoxie synonym gebraucht. Das ist eine bedauerliche Einschränkung unserer Aussagemöglichkeiten.

[9] Einen Ansatz hierzu liefert schon die Schrödingersche Theorie, die »die Quantisierung als Eigenwertproblem« deutet.

die Paradoxien der exakten Wissenschaften darauf hingewiesen wird, daß man nicht ungesichert verallgemeinern darf, der ist mißtrauisch gegenüber den allzu raschen Deduktionen universal gültiger »Wahrheiten« auf anderen Gebieten.

Die Begegnung mit der Paradoxie ist also ein wichtiges Bildungselement. Natürlich: Sie ist kein Allheilmittel gegen Dummheit und Dogmatismus. Es gibt nicht wenige Menschen, die durch die Schule der exakten Wissenschaften gegangen sind, ohne daß sie dadurch gescheiter wurden. Aber diese Einschränkung muß ja bei allen Möglichkeiten der Menschenbildung gemacht werden.

Wir wollen es dem Leser überlassen, den paradoxen Charakter des aerodynamischen und des hydrostatischen Beispiels zu deuten. Wir müssen aber noch ein Wort sagen über die eingangs erwähnten Paradoxien der Dichter und Philosophen.

Es ist offensichtlich, daß Dürrenmatt den Begriff Paradoxie in dem von uns gegebenen Sinn versteht. Er sagt ja ausdrücklich, daß seine Paradoxien »grotesk, aber nicht absurd (sinnwidrig)« seien. Auch die bei Barth zitierten Paradoxien sind nicht echte Antinomien. Dagegen ist der Sprachgebrauch bei Kierkegaard ausgesprochen unklar. Es scheint, daß er im allgemeinen die Paradoxien als »unausgetragene große Gedanken« versteht, dann aber auch als die Widersprüche, in die sich das menschliche Denken verirrt, wenn es die Grundfragen der menschlichen Existenz klären will. Wenn man das Verhältnis zwischen »einem erkennenden Geist und der ewigen Wahrheit« klären will, gerät man leicht in echte Widersprüche[10], die keineswegs harmloser sind als die Russellsche Antinomie. Das Gespräch zwischen Naturwissenschaft und Theologie ist in letzter Zeit belastet worden durch den Versuch, echte Antinomien im theologischen Bereich durch den Hinweis auf das Bohrsche Prinzip zu verharmlosen[11]. Es ist deshalb sehr heilsam, daß man an den mathematischen (und physikalischen) Beispielen den Unterschied zwischen Antinomien und Paradoxien deutlich klären kann. Allein in dieser Klarheit der Aussagen liegt eine wichtige Möglichkeit des mathematischen Unterrichts. Es kann versucht werden, die Präzision der Begriffsbildung auch auf andere Bereiche zu übertragen, in denen Paradoxien gedeihen.

[10] Nicolaus von Cues sagt in einem Gebetswort: »Ich habe erfahren, daß der Ort, wo Du unverhüllt gefunden wirst, mit einer Fülle von Widersprüchen umgeben ist, und dies ist die Mauer des Paradieses, worin Du wohnst.« (Zitiert nach: Viktor Gollancz, Aufbruch und Begegnung. Gütersloh 1954, S. 7).

[11] Vgl. dazu Herbert Meschkowski, Das Christentum im Jahrhundert der Naturwissenschaften. München 1961, S. 161 ff.

Ein mathematischer Unterricht, der seine Bildungsmöglichkeiten ausnutzen will, sollte immer wieder die Konfrontierung mit dem Paradoxen suchen. Wir wollen im folgenden eine Reihe von weiteren Beispielen zusammentragen. Dabei legen wir besonderen Wert auf solche Paradoxien, die im Bereich der Schulmathematik liegen. In der höheren Analysis gibt es eine große Zahl eindrucksvoller Beispiele von Sätzen, die jedem Anfänger unglaubwürdig erscheinen. Es ist aber wichtig, daß gerade der Schulunterricht seine Möglichkeiten ausschöpft.

3. Beispiele

a) Inkommensurable Strecken

Ein besonders wichtiges Beispiel einer die Denkweise der Zeit umwerfenden Paradoxie ist die Entdeckung der inkommensurablen Strecken durch die griechische Mathematik. Die Pythagoreer wußten, daß die Bahnen der Sterne, aber auch die Gesetze der musikalischen Harmonie bestimmt waren durch die Verhältnisse ganzer Zahlen. Pythagoras lehrte deshalb: »Die ganze Welt ist Harmonie und Zahl.«

Bald nach dem Tode des Meisters kam es über dieser Lehre zu einem Streit unter seinen Schülern. Man hatte am regulären Fünfeck die Existenz inkommensurabler Strecken entdeckt. Es zeigte sich, daß es unmöglich war, irgendeine Meßstrecke eine ganze Anzahl von Malen auf der Seite *und* auf der Diagonale eines Fünfecks anzutragen: Geht das Verfahren bei der Seite auf, so gilt das nicht für die Diagonale und umgekehrt. Etwas später fanden sie heraus, daß für die Seite und die Diagonale des Quadrats das gleiche gilt. Das war eine für die Pythagoreer erregende Erkenntnis. Wenn es schon unmöglich ist, Seite und Diagonale von Quadraten durch das Verhältnis ganzer Zahlen genau zu beschreiben, dann konnte man die These nicht aufrechterhalten: »*Alles* ist Zahl.« So meinten die »Mathematiker« unter den Anhängern des Meisters. Die » ἀκουσματικοί « dagegen, die »Hörer« also, wollten am Buchstaben der Lehre des Meisters festhalten. Es ist einleuchtend, daß sich die Auffassung der »Mathematiker« durchgesetzt hat. Hier hat also die Entdeckung eines paradox erscheinenden Satzes zur Auflösung einer »Ideologie« geführt. Platon war durch die Entdeckung der inkommensurablen Strekken sehr beeindruckt. Er spricht von der »lächerlichen und schmählichen Unwissenheit aller Menschen« (die das bisher nicht wußten) und bekennt[12]:

> Es kam mir vor, als wäre das gar nicht beim Menschen möglich, sondern eher nur etwa beim Schweinevieh. Und ich schämte mich, nicht nur für mich selbst, sondern auch für alle Hellenen.

Wir hatten in Deutschland Jahrhunderte hindurch eine angeblich vom Geist der Antike bestimmte Bildung. Und trotzdem lernte der größte Teil der Schüler nie den klassischen Beweis für die Existenz inkommensurabler Strecken kennen. Auch heute setzt sich die Beschäftigung mit diesem die antiken Mathematiker erregenden Problemkreis nur langsam in den Schulen durch. Wir notieren deshalb an dieser Stelle einen Beweis für die Existenz von Strecken, die kein gemeinsames Maß haben[13].

Man teile eine beliebige Strecke AB nach dem Goldenen Schnitt. Abb. 2 zeigt die von Euklid[14] angegebene Konstruktion:

Abb. 2

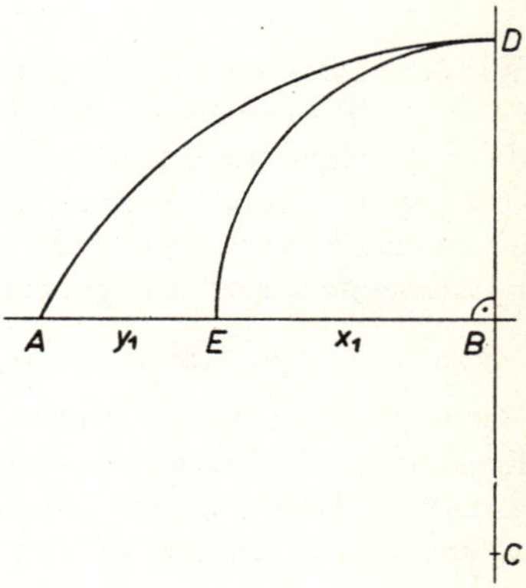

[12] Nomoi (819–820).

[13] Das einfachste Beispiel inkommensurabler Strecken liefert die Seite und die Diagonale eines Quadrats. Siehe dazu z. B. [38], S. 10f.

Tatsächlich wurde der Beweis für die Existenz inkommensurabler Strecken zuerst am regulären Fünfeck geführt. Der Beweis ist notiert bei: Meschkowski, Denkweisen großer Mathematiker. Ein Weg zur Geschichte der Mathematik. Braunschweig 1968, S. 6ff.

[14] Vgl. dazu Euklid II, 11. In der Schule wird gewöhnlich eine andere Konstruktion des Goldenen Schnittes gelehrt.

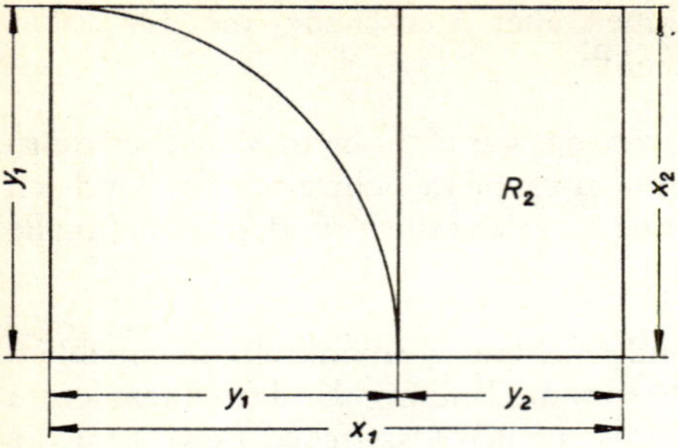

Abb. 3

Man errichtet auf AB in B die Senkrechte und zeichnet um B den Kreis mit dem Radius $\frac{1}{2}$ AB, der die Senkrechte in C trifft. Der Kreis um C mit dem Radius AC trifft dann den C nicht enthaltenden (durch B bestimmten) Strahl der Senkrechten in D. Der Kreis um B mit dem Radius BD schließlich trifft AB in E. Dann ist AB in E *stetig geteilt*. Ist $EB = x_1$, $AE = y_1$, so gilt

$$(3) \qquad \frac{x_1 + y_1}{x_1} = \frac{x_1}{y_1}, \quad x_1 y_1 + y_1^2 = x_1^2.$$

Wir betrachten jetzt das Rechteck R_1 mit den Seiten x_1 und y_1 (Abb. 3). Wir wollen ein solches Rechteck, dessen Seiten x und y die Teile einer stetig geteilten Strecke $AB = x + y$ sind, ein »goldenes« Rechteck nennen. Diesem Rechteck R_1 ordnen wir ein neues Rechteck R_2 mit den Seiten $x_2 = y_1$, $y_2 = x_1 - y_1$ zu. Für dieses neue Rechteck gilt dann [unter Beachtung von (3)]:

$$x_2 y_2 + y_2^2 = y_1 (x_1 - y_1) + (x_1 - y_1)^2 = x_1^2 - x_1 y_1 = y_1^2 = x_2^2.$$

Das heißt aber: Auch das neue Rechteck R_2 ist ein »goldenes« Rechteck. Offenbar können wir diesen Prozeß nach Belieben fortsetzen. Haben wir ein goldenes Rechteck R_n mit den Seiten x_n und y_n, so gewinnen wir mit

$$x_{n+1} = y_n, \quad y_{n+1} = x_n - y_n$$

die Seiten eines neuen »goldenen« Rechtecks R_{n+1}. Das folgt aus den für R_1 und R_2 angestellten Überlegungen.

Offenbar kann man diesen Prozeß ad infinitum fortsetzen. Bezeichnen wir das Rechteck R_{n+1} als den »Sohn« von R_n, so können wir das Ergebnis so formulieren: *Die Eigenschaft eines Rechtecks, »golden« zu sein, ist erblich.*

Alle durch den Abspaltungsprozeß entstehenden Rechtecke sind ähnlich. Es gilt z. B.

$$\frac{x_2}{y_2} = \frac{y_1}{x_1 - y_1} = \frac{x_1}{y_1}$$

unter Beachtung von (3). Nehmen wir nun an, daß die Strecken x_1 und y_1 ein gemeinsames Maß ε haben:

$$(4) \qquad x_1 = m_1\,\varepsilon, \; y_1 = n_1\,\varepsilon.$$

Dabei sind m_1 und n_1 natürliche Zahlen, $m_1 > n_1$. Daraus folgt dann

$$x_2 = y_1 = n_1\,\varepsilon = m_2\,\varepsilon, \quad y_2 = x_1 - y_1 = (m_1 - n_1)\,\varepsilon = n_2\,\varepsilon$$

mit ganzen Zahlen m_2 und n_2. Es ist $m_1 > m_2$ und wegen der Ähnlichkeit der Rechtecke auch $n_1 > n_2$. Diese Zuordnung ganzer positiver Maßzahlen m_ν und n_ν müßte nun ad infinitum fortsetzbar sein. Das ist aber wegen $m_\nu > m_{\nu+1}$, $n_\nu > n_{\nu+1}$ unmöglich: Man würde nach endlich vielen Schritten auf nicht positive Maßzahlen stoßen. Die Annahme (4) war also falsch.

b) Das Band um den Äquator

Carl Friedrich von Weizsäcker zitierte kürzlich in einem Referat einen mathematischen Satz, von dem er sagte, man könne ihn nicht »von der Anschauung her« verstehen. Es geht dabei um ein Problem, das man jedem Schüler einer achten Klasse mühelos nahebringen kann:

Man denke sich um den Erdäquator ein Band gelegt, das überall fest aufliegt. Die Erde sei dabei als eine Kugel vorgestellt. Man verlängere das Band um einen Meter und lege es so, daß es einen zum Äquator konzentrischen Kreis bildet. Wie hoch liegt das Band über der Erde? Wird es etwa so hoch liegen (so kann man die Schüler fragen), daß eine Maus (oder wenigstens eine Ameise) hindurchkriechen kann?

Wenn man bedenkt, daß der Erdradius immerhin über 6000 km beträgt, könnte man geneigt sein, beide Fragen zu verneinen. Tatsächlich kann sogar ein Dackel mühelos unter unserem Band durchschlüpfen. Das zeigt sofort eine elementare Rechnung. Ist R der Erdradius, x die Höhe des Bandes über der Erde, so hat man doch $2\pi R + 1 = 2\pi(R + x)$, also

$$(5) \qquad x = \frac{1}{2\pi} \sim 16 \text{ cm.}$$

Bei dieser Rechnung fällt der Erdradius R heraus. Wir bekommen das gleiche Ergebnis, wenn wir statt der Erdkugel eine Apfelsine nehmen. Man versteht, daß Herr von Weizsäcker dieses Ergebnis paradox findet.

Die hinter jeder Paradoxie stehende »unzulässige Verallgemeinerung« sieht so aus: Wir sind gewohnt, daß bei der Lösung einer Aufgabe auch wirklich alle in der Aufgabe gegebenen Größen zur Lösung verwandt werden. Wir rechnen also damit, daß die Antwort auf unsere Frage auch vom Erdradius abhängt und erwarten deshalb – da 1 m klein ist gegen 6370 km – eine sehr kleine Zahl für x.

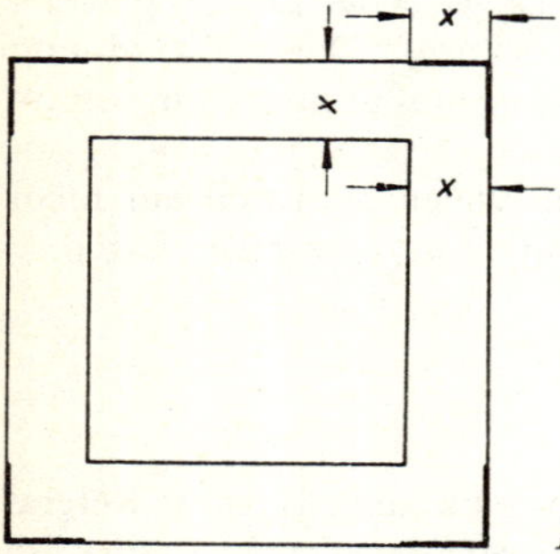

Abb. 4

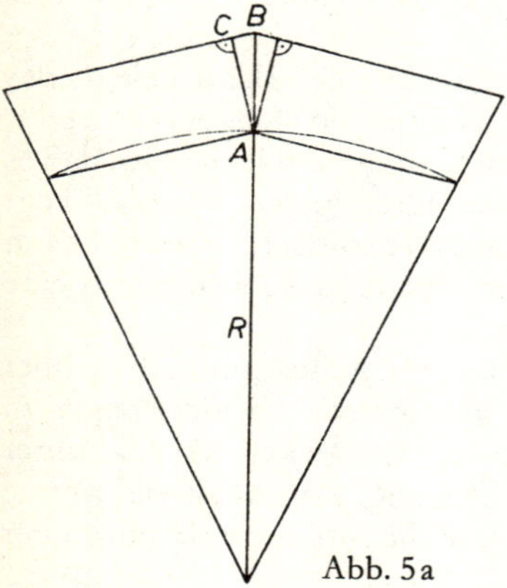

Abb. 5a

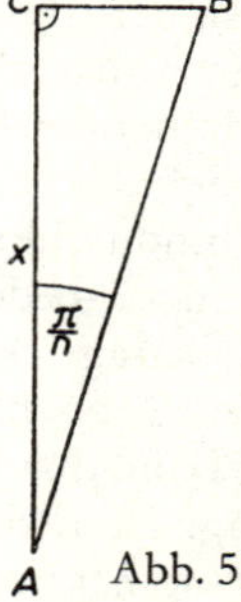

Abb. 5b

Es ist nun tatsächlich möglich, die Paradoxie (also den psychologischen Effekt der Problemstellung) aufzulösen und damit das Ergebnis doch noch zu veranschaulichen.

Man behandle die entsprechende Aufgabe für ein Prisma mit quadratischem Querschnitt.

In diesem Fall bekommt man offenbar bei der Verlängerung des Bandes um die Einheit: ein Quadrat mit der Seite $R + x$, und man ersieht aus der Zeichnung (Abb. 4) unmittelbar die Beziehung $8x = 1$, $x = \frac{1}{8}$ m $= 12{,}5$ cm, unabhängig von R.

Führt man die entsprechende Überlegung für ein reguläres n-Eck durch, so wird die Verlängerung des Bandes aufgebraucht für $2n$ Strecken von der Länge 1. Man hat $2\,n\,l = 1$, also (Abb. 5):

$$\tan\frac{\pi}{n} = \frac{l}{x},$$

$$x = \frac{1}{2n \cdot \tan\frac{\pi}{n}} = \frac{1}{2\pi} \cdot \frac{\frac{\pi}{n}}{\tan\frac{\pi}{n}}. \tag{6}$$

Auch hier haben wir Unabhängigkeit von R, und aus (6) folgt

$$\lim_{n\to\infty} x = \frac{1}{2\pi},$$

wie oben unter (5).

c) Die Eulersche Funktion

Ich kenne kein Lehrbuch der Schulmathematik, das die von Leonhard Euler untersuchte Funktion

$$f(n) = n^2 - n + 41 \tag{7}$$

behandelt. Und doch hat diese einfache zahlentheoretische Funktion[15] bemerkenswerte Eigenschaften.

Setzt man für n die Zahl 1 ein, so erhält man

$$f(1) = 1^2 - 1 + 41 = 41;$$

entsprechend ist

$$f(2) = 2^2 - 2 + 41 = 43.$$

[15] Eine für alle natürlichen Zahlen n erklärte Funktion $f(n)$ heißt eine *zahlentheoretische Funktion.*

Für 3, 4, 5, 6, 7, 8, 9, ... gewinnt man in analoger Weise die Zahlen

47, 53, 61, 71, 83, 97, 113, ...

Das Bemerkenswerte an dieser Folge ist, daß die Zahlen alle Primzahlen sind, Zahlen also, die nur durch sich selbst und durch 1 ohne Rest teilbar sind. Gelegentlich machen wir uns bei der Aufnahmeprüfung den Spaß, mathematisch interessierte Abiturienten die Gesetzlichkeiten dieser Eulerschen Funktion untersuchen zu lassen. Im allgemeinen wird aus den erwähnten Tatsachen der Schluß gezogen: *Diese Funktion liefert für alle natürlichen Zahlen n Primzahlen $f(n)$*. Tatsächlich liefert unsere Funktion Primzahlen für die Zahlen von 1 bis einschließlich 40; für 41 hat man aber

$$f(41) = 41 \cdot 41 - 41 + 41 = 41 \cdot 41 = 41^2,$$

und dieses Quadrat von 41 ist natürlich *keine* Primzahl.

Das bedeutet, daß man nicht von 5 oder 6 oder auch von 40 auf Unendlich schließen darf.

Durch dieses Beispiel wird also eine naheliegende unzulässige Verallgemeinerung ad absurdum geführt.

Durch die Eigenschaften der Eulerschen Funktion (7) kann man die Bedeutung der verschiedenen zahlentheoretischen »Vermutungen« besser einschätzen. Christian Goldbach vermutete z. B., daß sich jede gerade Zahl als Summe zweier Primzahlen schreiben läßt:

$2n = p + q$. Es ist z. B. $12 = 7 + 5$, $14 = 11 + 3$, $16 = 13 + 3$

usf. Soweit man bisher probiert hat, fand sich stets für die geraden Zahlen (mindestens) eine additive Zerlegung in zwei Primzahlen.

Da fleißige Leute diese Rechnung sehr weit vorangetrieben haben, liegt es nahe, die Goldbachsche Vermutung für richtig zu halten. Aber man darf vorläufig nicht behaupten, daß sie für *alle* geraden Zahlen richtig sei. Das ist noch nicht bewiesen, und wenn die Eulersche Funktion bis zur Nummer 40 Primzahlen liefert, warum soll es nicht möglich sein, daß die Goldbachsche Vermutung für alle geraden Zahlen bis in die Milliarden hinein stimmt, für eine gewisse sehr große Zahl dann aber doch falsch ist? In der Mathematik gibt es nur die *vollständige* Induktion, nicht aber den Schluß von 6 oder 40 oder 3000000000 auf Unendlich.

d) Charakterisierende Eigenschaften des Kreises

Der Kreis wird gewöhnlich definiert als der geometrische Ort für alle die Punkte, die von einem Punkt M den gleichen Abstand r haben. Der so definierte Kreis hat eine Reihe weiterer Eigenschaften. Wir nennen die folgenden:

(A) Der Kreis durchsetzt alle Geraden des durch M gehenden Büschels senkrecht.

(B) Alle Peripheriewinkel über demselben Bogen eines Kreises sind gleich.

(C) Die beiden zu einer Sehne gehörenden Sehnentangentenwinkel sind gleich.

(D) Der Kreis ist eine Kurve konstanter Krümmung ($\varkappa = \frac{1}{r}$).

(E) Der Kreis ist eine Kurve konstanter Breite.

Zum Verständnis von (E) erklären wir: Die *Breite* einer einfach geschlossenen Kurve C in der Richtung φ ist der Abstand der beiden zu φ senkrechten Stützgeraden[16].

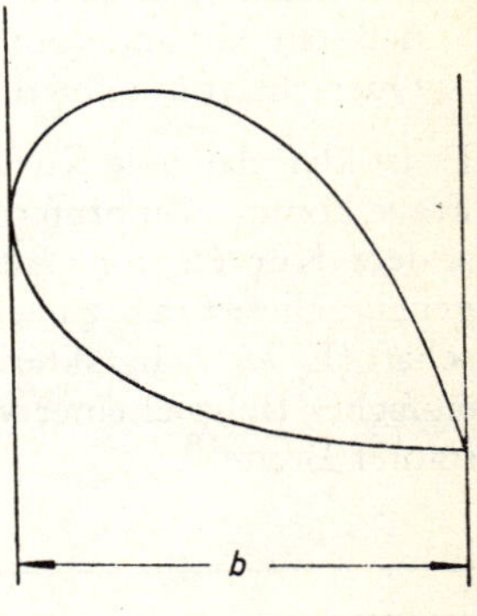

Abb. 6

Eine Kurve heißt von *konstanter* Breite, wenn die Breite b in allen Richtungen gleich ist. Offenbar ist ein Kreis vom Radius r eine Kurve von der konstanten Breite $2r$.

Es liegt die Frage nahe, wie weit die Eigenschaften (A) bis (E) für den Kreis *charakteristisch* sind. Ist der Kreis jeweils die einzige Kurve mit der genannten Eigenschaft? Anders formuliert:

Kann man die Sätze (A) bis (E) umkehren?

[16] Eine Gerade g heißt *Stützgerade* eines beschränkten Bereiches B (bzw. seiner Randkurve), wenn sie durch einen Randpunkt P von B geht, in einer gewissen Umgebung von P aber keine inneren Punkte von B enthält.

Fragen wir uns, ob z. B. der folgende Satz richtig sei:

(B′) Der geometrische Ort für alle Punkte, von denen aus eine gegebene Strecke AB unter dem gleichen Winkel erscheint, ist ein Kreisbogen.

Das ist in der Tat der Fall und kann leicht mit elementaren Methoden bewiesen werden. Weiter gilt:

(C′) Eine Kurve, die von jeder Sehne, die irgend zwei ihrer Punkte verbindet, in beiden Punkten unter gleichen Winkeln geschnitten wird, ist ein Kreis.

Den (recht einfachen) Beweis für diese Umkehrung von Satz (C) findet man bei Hans Rademacher und Otto Toeplitz[17].

Da auch die Eigenschaften (A) und (D) charakteristisch sind, liegt es nahe, auch für die Eigenschaft (E) das gleiche zu vermuten. Wir können dem Problem eine einfache anschauliche Deutung geben:

Ein Balken soll durch zylindrische Rollen so bewegt werden, daß sein Abstand vom Boden gleich bleibt (Abb. 7). Welchen Querschnitt können die Zylinder haben?

Es ist klar, daß jede Kurve konstanter Breite als Querschnitt in Frage kommt. Zu prüfen ist nur, ob es außer den Kreisen noch andere Kurven konstanter Breite gibt. Anfänger sind rasch geneigt, diese Frage zu verneinen. Aber tatsächlich ist die Eigenschaft (E) *nicht* charakteristisch für den Kreis. Abb. 8 zeigt ein einfaches Beispiel einer vom Kreis verschiedenen Kurve konstanter Breite[18].

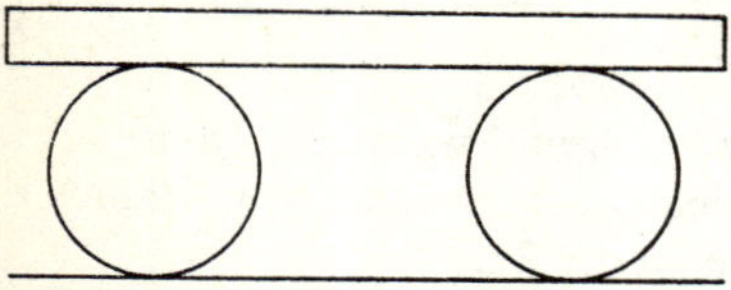

Abb. 7

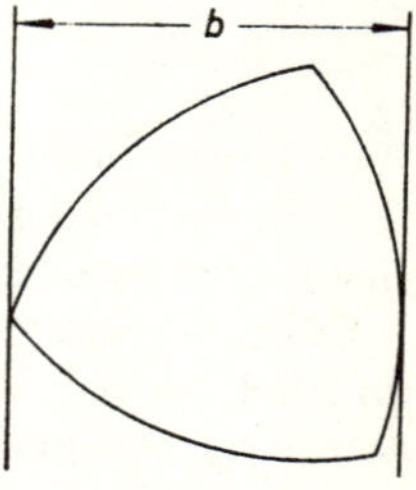

Abb. 8

[17] Hans Rademacher und Otto Toeplitz, Von Zahlen und Figuren. Proben mathematischen Denkens für Liebhaber der Mathematik. Berlin 1968 (Heidelberger Taschenbücher Nr. 50).

[18] Näheres über diese Kurven in dem Werk von Rademacher und Toeplitz (vgl. 17).

Die klassische Wahrscheinlichkeitsrechnung hat sich in der Behandlung von Problemen des Glücksspiels gut bewährt. Wie Joseph Bertrand gezeigt hat, ergeben sich aber eigenartige Widersprüche, wenn man ihre Methoden auf geometrische Fragestellungen anwendet.

Man zeichne *auf gut Glück* in einen Kreis eine Sehne. Wie groß ist die Wahrscheinlichkeit, daß ihre Länge größer ist als die Seite des dem Kreis einbeschriebenen gleichseitigen Dreiecks?

Aus Symmetriegründen kann man die Richtung der Sehnen als vorgegeben ansehen. Zeichnen wir einen Durchmesser senkrecht zu dieser Richtung und bezeichnen seine Trägergerade als x-Achse, den Mittelpunkt des Kreises als Nullpunkt. Dann haben genau die dazu senkrechten Sehnen die geforderte Länge, die zwischen $-\frac{r}{2}$ und $+\frac{r}{2}$ den Durchmesser treffen. Die gesuchte Wahrscheinlichkeit ist danach $\frac{1}{2}$.

Man kann aber noch anders überlegen. Wieder aus Symmetriegründen kann man einen Endpunkt P der Sehne auf dem Kreis festlegen. Zeichnen wir in diesem Punkt P der Peripherie die Tangente und den Radius, außerdem zwei Strahlen, die mit dem Radius einen Winkel von 30° einschließen (Abb. 9).

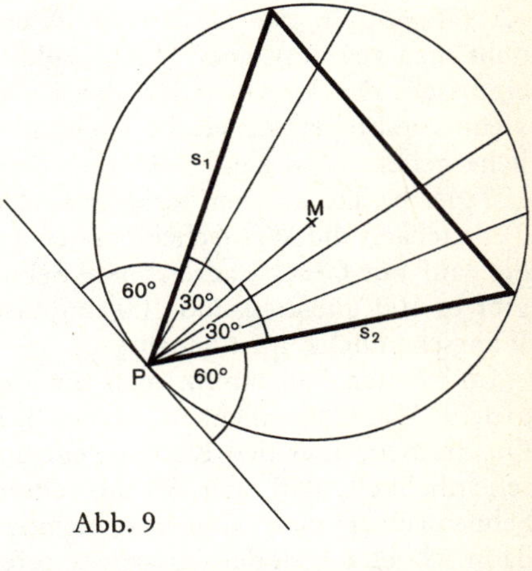

Abb. 9

Die zwischen diesen beiden Strahlen gelegenen Sehnen haben eine Länge, die größer als die des einbeschriebenen gleichseitigen

Dreiecks ist. Es sind dies aber Strahlen, die im Innern eines Winkels von 60° verlaufen. Die beiden Winkel zwischen den Strahlen und der Tangente sind auch 60° groß. Die in diesen Winkeln zu zeichnenden Sehnen sind zu klein. Danach ist die gesuchte Wahrscheinlichkeit gleich $\frac{1}{3}$.

Schließlich können wir die Sehnen nach der Lage ihres Mittelpunktes charakterisieren. Ist der Mittelpunkt bekannt, so ist auch die Sehne festgelegt. Die Mittelpunkte der Sehnen mit der gesuchten Länge liegen aber in einem konzentrischen Kreis vom Radius $\frac{r}{2}$. Der Flächeninhalt dieses kleinen Kreises macht aber nur $\frac{1}{4}$ des Flächeninhaltes des großen Kreises aus. Die Wahrscheinlichkeit, daß wir eine Sehne mit der geforderten Eigenschaft ziehen, ist also $\frac{1}{4}$.

Dieses Bertrandsche Paradoxon unterscheidet sich ein wenig von den bisher betrachteten. Wir haben hier gleich drei verschiedene Ergebnisse gewonnen. Davon kann doch wohl nur *eins* richtig sein? Wir hatten aber die Paradoxie als eine *richtige* Aussage bezeichnet, die nur dem Anfänger falsch zu sein *scheint*, weil er unzulässig verallgemeinert.

Tatsächlich lag hier schon eine ungesicherte Verallgemeinerung vor, als wir die im Glücksspiel übliche Bezeichnung »auf gut Glück« auf das geometrische Problem anwendeten. Wer das ohne Widerspruch hinnimmt, erweist sich an dieser Stelle als »Anfänger«. In der klassischen Wahrscheinlichkeitsrechnung geht man aus von einer Menge »gleich wahrscheinlicher« Ereignisse[19]. Die Aussagen der Theorie sind erst dann anwendbar, wenn verabredet ist, welche Ereignisse als »gleich wahrscheinlich« gelten. Man kann z. B. den Durchmesser (im 1. Fall) in 100 gleiche Teilstrecken zerlegen und sagen, daß für jede dieser Teilstrecken die Wahrscheinlichkeit gleich groß sein soll, daß die »auf gut Glück« gezeichnete Sehne gerade sie trifft. Dann gibt es 100 günstige und 100 ungünstige Ereignisse, und die Wahrscheinlichkeit ist genau $\frac{1}{2}$.

Im zweiten Fall nimmt man für gleich große Winkelräume gleiche Wahrscheinlichkeit an, im 3. Fall denkt man sich ein Quadratnetz über den Kreis gelegt und fragt nach der Wahrscheinlichkeit, daß sich der Mittelpunkt der zu zeichnenden Sehne in einem dieser Quadrate befindet. Ein Grenzprozeß führt dann schließlich zu der Aussage unseres »3. Falles«.

[19] In der modernen axiomatisch fundierten Wahrscheinlichkeitsrechnung geht man von »Elementarereignissen« aus.

Dies ist die »Auflösung« unserer Paradoxie: Alle drei Aussagen können richtig sein. Es kommt nur darauf an, wie man die Voraussetzung »auf gut Glück« präzisiert.

f) Die Paradoxie des Erfinders

Bei dieser von Georg Pólya[20] beschriebenen Paradoxie geht es nicht um einen mathematischen Satz, der falsch zu sein scheint. Es geht um eine paradoxe Erfahrung beim Lösen mathematischer Probleme. Aber auch hinter dieser »methodischen« Paradoxie steckt eine unzulässige Verallgemeinerung.

Im *allgemeinen* ist die stärkere Aussage schwerer zu beweisen als die schwächere, der allgemeine Satz macht mehr Mühe als ein einfacher Sonderfall. Nehmen wir als Beispiel die Aussage:

(I) Der geometrische Ort für die Mitten paralleler Sehnen eines Kreises ist ein Durchmesser.

Und seine Verallgemeinerung:

(I′) Der geometrische Ort für die Mitten der parallelen Sehnen eines Kegelschnitts ist ein Durchmesser.

Beide Sätze sind richtig, aber natürlich ist der Beweis von (I) leichter zu führen als der von (I′). Nehmen wir noch ein Beispiel aus der Analysis:

(II) Die Folge $(1 + \frac{1}{n})^n$ ist monoton wachsend.

(II′) Die Folge $(1 + \frac{1}{n})^n$ konvergiert monoton wachsend gegen die Zahl e.

Auch hier macht der Beweis der stärkeren Aussage (II′) mehr Mühe als der Beweis des Satzes (II).

Es kann aber auch anders sein. Wenn man die Summen aufeinander folgender Kubikzahlen ausrechnet, findet man bei den ersten Beispielen rasch heraus, daß man immer wieder eine Quadratzahl erhält:

$$1^3 = 1,\ 1^3 + 2^3 = 9,\ 1^3 + 2^3 + 3^3 = 36,$$
$$1^3 + 2^3 + 3^3 + 4^3 = 100,\ 1^3 + 2^3 + 3^3 + 4^3 + 5^3 = 225.$$

[20] Vgl. [49] oder auch [41].

Es liegt nahe, hier ein allgemeines Gesetz zu vermuten:

(8) $$1^3 + 2^3 + 3^3 \ldots + n^3 = u^2.$$

Wie kann man (8) beweisen? Man findet rasch heraus, daß es mit der »vollständigen Induktion« nicht geht. Man hat erst dann Erfolg, wenn man (8) durch eine stärkere Aussage ersetzt. Dazu sehen wir uns die bei der Summierung der Kubikzahlen auftretenden Quadrate näher an. Es ist doch

$$1 = 1^2, 9 = 3^2 = (1 + 2)^2, 36 = 6^2 = (1 + 2 + 3)^2,$$
$$100 = 10^2 = (1 + 2 + 3 + 4)^2, \ldots$$

Es liegt also nahe, (8) durch die stärkere Aussage

$$1^3 + 2^3 + \ldots + n^3 = (1 + 2 + \ldots + n)^2 = \left[\frac{n(n+1)}{2}\right]^2$$

zu ersetzen, und *diese* Formel kann man leicht durch vollständige Induktion beweisen.

Es gibt noch mancherlei weitere Beispiele für diese »Paradoxie des Erfinders«. Wir wollen ein besonders bedeutsames Beispiel erwähnen. Zu den bekanntesten Aufgaben der Mathematik gehört das folgende Quadraturproblem:

> Zu einem gegebenen Quadrat mit der Seite a soll mit Zirkel und Lineal der Radius r eines inhaltsgleichen Kreises konstruiert werden.

Bekanntlich ist diese Aufgabe unlösbar. Das wurde zuerst durch Ferdinand Lindemann bewiesen. Er zeigte[21], daß die Zahl π *transzendent* ist, also nicht Wurzel einer algebraischen Gleichung mit ganzzahligen Koeffizienten sein kann. Nun sind bekanntlich genau die Strecken konstruierbar (bei gegebener Einheitsstrecke), deren Maßzahl sich durch rationale Zahlen und durch Verschachtelung von Quadratwurzelausdrücken darstellen läßt[22]. Eine Strecke, deren Maßzahl transzendent ist, ist danach gewiß nicht konstruierbar. Um zu beweisen, daß unser Quadraturproblem unlösbar ist, genügt aber der Nachweis für eine schwächere Aussage:

[21] Vgl. dazu und zum folgenden z. B. Ludwig Bieberbach, Theorie der geometrischen Konstruktionen. Basel 1952 (Lehrbücher und Monographien aus dem Gebiete der exakten Wissenschaften. Mathematische Reihe 13).

[22] Eine Zahl x heißt durch Verschachtelung von Quadratwurzelausdrücken darstellbar, wenn $x = a_n + \sqrt{b_n}$ gilt; dabei sollen die Zahlen a_n und b_n einem Körper R_n angehören, dessen Zahlen darstellbar sind in der Form

$$a_n = a_{n-1} + \sqrt{b_{n-1}}, \qquad a_{n-1} \in R_{n-1}, \qquad b_{n-1} \in R_{n-1}$$

R_0 schließlich ist der Körper der rationalen Zahlen.

(III) Die Zahl π ist nicht rational und nicht durch Verschachtelung von Quadratwurzelausdrücken darstellbar.

Es gibt bisher keinen Beweis, der *nur* das zeigt. Man kann diese Tatsache als ein Beispiel für Pólyas »Paradoxie des Erfinders« ansehen: Der Beweis der stärkeren Aussage ist gelungen, der des (schwächeren) Satzes (III) nicht. Liegt das nur daran, daß man bisher den Beweis von (III) noch nicht ernsthaft versucht hat? Vielleicht gelingt es sogar, für (III) einen Beweis zu finden, der wesentlich einfacher ist als der auch in seinen neueren Fassungen immer noch umständliche Beweis für die Transzendenz von π? Der Verfasser gesteht, daß er vergebens versucht hat, einen einfachen Beweis für (III) zu finden. Aber vielleicht gelingt es einem Leser?

g) Paradoxien des Unendlichen

Die formal gebildete unendliche Reihe

(9) $$S = a - a + a - a + - \dots$$

kann man durch Einstreuen von Klammern so umformen:

(10) $$S = (a - a) + (a - a) + \dots = 0 + 0 + 0 + \dots = 0.$$

Setzt man die Klammern anders, so kann man gewinnen:

(11) $$\begin{aligned} S &= a - (a - a) - (a - a) - (a - a) - \dots \\ &= a - 0 - 0 - 0 - \dots = a. \end{aligned}$$

Schließlich kann man durch Addieren von (10) und (11) auch noch

$$2S = a, \; S = \frac{1}{2}a$$

ableiten.

Diese sich widersprechenden Ergebnisse erscheinen nur dem paradox, der die Rechenregeln für endliche Summen ohne weiteres auf formal gebildete unendliche Reihen überträgt. Die (das Einstreuen von Klammern zulassenden) Axiome des Rechnens mit rationalen Zahlen sagen nichts über die *Grenzwerte* von Zahlenfolgen aus. Eine unendliche Reihe

$$S = a_1 + a_2 + a_3 + \dots + a_n + \dots$$

steht ja zur Abkürzung für

$$S = \lim s_n, \quad s_n = a_1 + a_2 + a_3 + \dots + a_n.$$

Man übersieht sofort, daß die zur Reihe (9) gehörende Folge der Teilsummen

$$s_1 = a, s_2 = 0, \ldots, s_{2n-1} = a, s_{2n} = 0, \ldots$$

keinen Limes hat. Die Reihe (9) hat also keinen Sinn, und es ist nicht verwunderlich, wenn beim Rechnen mit Unsinn wieder Unsinn herauskommt.

Man kann aber auch bei konvergenten Reihen durch ungesichertes Rechnen nach den Regeln für endliche Summen falsche Ergebnisse gewinnen. Betrachten wir die alternierende Reihe

$$(12) \qquad 2 = 1 - \tfrac{1}{2} + \tfrac{1}{3} - \tfrac{1}{4} + \tfrac{1}{5} - \tfrac{1}{6} + - \ldots .$$

Sie ist konvergent[23], aber nicht absolut konvergent. Die zu (12) gehörende Reihe der absoluten Beträge ist ja die bekannte (divergente) harmonische Reihe. Die durch Umordnung der Glieder aus (12) entstehende Reihe

$$(13) \qquad 1 + \tfrac{1}{3} - \tfrac{1}{2} + \tfrac{1}{5} + \tfrac{1}{7} - \tfrac{1}{4} + + - + + - \ldots$$

ist zwar ebenfalls konvergent, hat aber einen anderen Grenzwert. In der Theorie der unendlichen Reihen beweist man den folgenden Satz:

> Durch Umordnung der Glieder einer konvergenten, aber nicht absolut konvergenten Reihe kann man eine Reihe gewinnen, die gegen eine beliebig vorgegebene reelle Zahl konvergiert.

Dieses Ergebnis erscheint paradox, weil ja für endliche Summen das kommutative Gesetz gilt: $a + b = b + a$, und daraus kann man durch vollständige Induktion leicht die entsprechende Aussage für Summen mit beliebig vielen (aber endlich vielen) Summanden ableiten.

Unsere Paradoxie macht deutlich, daß ein Grenzwert einer Folge von Summen keine Summe ist, selbst wenn man sie formal als Summe schreibt. Die Analysis, insbesondere die Reihenlehre, ist überreich an derartigen Paradoxien. Wir beschränken uns auf die gegebenen Beispiele und wollen den Reigen der Paradoxien abschließen mit einem Beispiel, das schon erfahrene Mathematiker schockiert hat.

[23] Siehe dazu z. B. Meschkowski, Unendliche Reihen. Mannheim 1963 (BI-Hochschultaschenbuch 35, 2. Aufl.).

b) Mengengeometrische Paradoxien

In der Mengengeometrie beweist man den folgenden Satz:

Jede Kugel K vom Radius 1 ist zu zwei Kugeln K_1 und K_2 vom Radius 1 zerlegungsgleich.

Man nennt bekanntlich zwei Mengen zerlegungsgleich, wenn sie in endlich viele paarweise kongruente Teilmengen zerlegt werden können. Der genannte Satz erscheint uns deshalb paradox, weil wir bei diesen Teilmengen unwillkürlich an einfach gebaute Mengen wie Polyeder denken. Es ist einleuchtend, daß mit solchen durch stetige Flächenstücke begrenzten Körpern eine paradoxe Zerlegung der Kugel nicht zu vollziehen ist.

Wir wollen an dieser Stelle den (nicht ganz einfachen) Beweis für den Zerlegungssatz nicht erbringen[24]. Beschränken wir uns darauf, das Paradoxe unseres Satzes durch den Hinweis auf ähnliche, bereits vertraute oder leicht zu durchschauende Aussagen »aufzulösen«.

Dazu bringen wir den Satz über die Kugelzerlegung auf eine neue Form. Sei K die Vereinigungsmenge der beiden getrennten Einheitskugeln K_1 und K_2: $K = K_1 \cup K_2$. Dann ist nach dem Zerlegungssatz:

$$(14) \quad K \overset{z}{=} K_1, K \overset{z}{=} K_2, K \overset{z}{=} K_1 \cup K_2 = K, K_1 \cap K_2 = \emptyset.$$

Diese Zuordnungen stehen aber in einer formalen Analogie zu der Galileischen Zuordnung (1). Bezeichnen wir nämlich mit N die Menge der natürlichen Zahlen, mit G die der geraden, mit U die der ungeraden Zahlen, so gelten die folgenden Äquivalenzen:

$$(15) \quad N \approx U, N \approx G, N \approx U \cup G = N, U \cap G = \emptyset.$$

Wenn uns durch die Beschäftigung mit der Mengenlehre die Zerlegung (15) vertraut geworden ist, braucht uns (14) nicht mehr so unglaublich vorzukommen. Immerhin: Bei (15) geht es um mengentheoretische Äquivalenz, bei (14) um Zerlegungsgleichheit. Wir können aber mit einem dritten Beispiel aufwarten, bei dem sogar leicht durchschaubare Kongruenzrelationen auftreten.

Betrachten wir die Menge A der komplexen Zahl von der Form (A)

$$\zeta = a_0 + a_1 \cdot e^{\mathrm{i}} + a_2 \cdot e^{2\mathrm{i}} + \ldots + a_n e^{n\mathrm{i}}$$

mit nicht negativen ganzen Zahlen a_ν ($\nu = 0, 1, 2, \ldots, n$).

[24] Man findet den vollständigen Beweis in [34].

Wir zerlegen nun A in die disjunkten Teilmengen B und C: B ist dabei die Teilmenge der Zahlen ζ, für die $a_0 = 0$ ist, C die Komplementärmenge.

Die Operationen

$$\zeta_1 = \zeta \cdot e^i, \quad \zeta_2 = \zeta + 1$$

bilden offenbar A auf kongruente Mengen ab. Im ersten Fall ist das Bild die Teilmenge B, im zweiten Fall C. Wir haben dann $A = B \cup C$, erst recht also $A \equiv B \cup C$. Es gilt demnach

$$A \equiv B \cup C, A \equiv B, A \equiv C, B \cap C = \emptyset.$$

Nach diesem Beispiel erscheint uns die Zerlegung nach (14) für die zwei Kugeln so unglaublich nicht mehr.

4. Andere Formen von unzulässigen Verallgemeinerungen

Es liegt im Wesen der Paradoxie, daß sie schockierend wirkt. Ein ins Auge fallendes unerwartetes Ergebnis macht deutlich, daß wir unzulässig verallgemeinert haben. Wer durch die Schule der exakten Wissenschaften gegangen ist, wird empfindlich gegen unbegründete Ausweitungen von Begriffen und Deduktionen. Er wird solche Fehlschlüsse auch dann aufspüren, wenn sie nicht durch ein paradoxes Ergebnis ausgewiesen werden. Wir wollen das durch ein wichtiges Beispiel belegen.

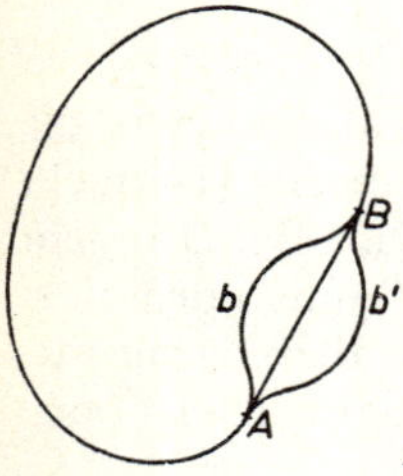

Abb. 10

Es geht um einen unzulänglichen Beweis für einen wichtigen Satz. Jacob Steiner, der begabte Schweizer Geometer, hatte die isoperimetrische Eigenschaft des Kreises durch einen sehr einfachen und »für Anfänger« einleuchtenden Schluß begründen wollen. Dies ist das »isoperimetrische Problem«:

$\mathfrak{M}$ sei die Menge der einfach geschlossenen ebenen, stetigen Kurven C von der Länge L. Welche Kurve $C \in \mathfrak{M}$ berandet einen Bereich $\mathfrak{B}(C)$ mit maximalem Flächeninhalt?

Steiner bemerkt zunächst, daß er sich auf *konvexe* Kurven beschränken kann. In der Tat: Es sei C_1 (Abb. 10) eine nicht konvexe Kurve aus der Menge $\mathfrak{M}$, AB eine Sehne von C_1, deren innere Punkte zum Äußeren des durch C_1 berandeten beschränkten Bereichs $\mathfrak{B}_1$ gehören, b sei der zu dieser Sehne gehörende Bogen, b' sein Spiegelbild in bezug auf die Gerade AB. Ersetzt man b durch b', so gewinnt man aus C_1 eine Kurve $C_1 \in \mathfrak{M}$, die einen Bereich $\mathfrak{B}_1{}'$ einschließt.

Offenbar ist der Flächeninhalt $F(\mathfrak{B}_1{}') > F(\mathfrak{B}_1)$. Es ist also möglich, die Kurve C_1 zu »verbessern«. Das heißt: Man kann eine Kurve gleicher Länge angeben ($C_1{}'$), die einen größeren Bereich einschließt. C_1 ist also gewiß nicht die gesuchte Extremalkurve.

Nehmen wir jetzt an, C_2 sei eine konvexe, aber nicht kreisförmige Kurve aus $\mathfrak{M}$. A sei ein beliebiger Punkt auf C_2. B sei so gewählt, daß die beiden durch A und B bestimmten Kurvenbögen gleiche Länge L haben. Die Sehne AB teilt dann den durch C_2 als Randkurve bestimmten (beschränkten) Bereich $\mathfrak{B}_2$ in zwei Teilbereiche $\mathfrak{B}_2{}^{(1)}$ und $\mathfrak{B}_2{}^{(2)}$, von denen wir annehmen dürfen, daß sie beide den gleichen Flächeninhalt haben: $F(\mathfrak{B}_2{}^{(1)}) = F(\mathfrak{B}_2{}^{(2)})$. Wäre nämlich etwa $F(\mathfrak{B}_2{}^{(1)}) > F(\mathfrak{B}_2{}^{(2)})$, so könnte man $\mathfrak{B}_2{}^{(1)}$ an AB spiegeln und würde damit einen Bereich $\mathfrak{B}_3$ gewinnen, dessen Randkurve zu $\mathfrak{M}$ gehört (sie hat ja die Länge $2 \cdot \frac{L}{2} = L$), die aber einen Bereich von größerem Flächeninhalt begrenzt, als C_2. C_2 könnte also »verbessert« werden.

C_2 sei also durch AB in zwei flächengleiche Teile zerlegt. Es soll nun gezeigt werden, daß C_2 ein Kreis ist. Nehmen wir an, einer der beiden durch A und B bestimmten Kurvenbögen sei

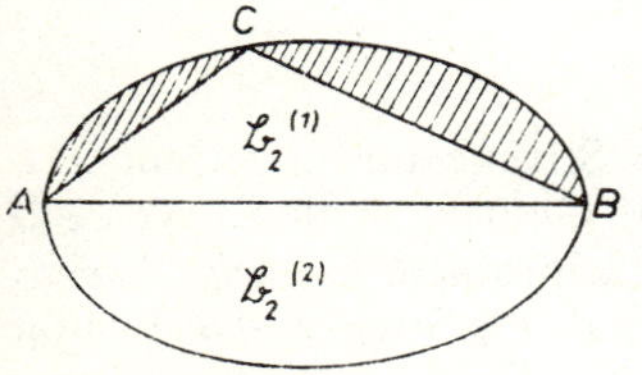

Abb. 11

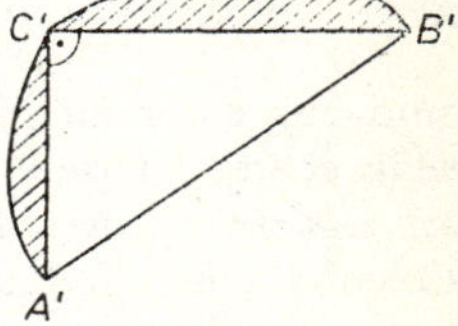

Abb. 12

kein Halbkreis. Dann muß es auf diesem Bogen (mindestens) einen Punkt C geben (Abb. 11), für den der Winkel $ACB \neq \frac{\pi}{2}$ ist. Dann gibt es ein *rechtwinkliges* Dreieck $A'C'B'$ mit $A'C' = AC$, $B'C' = BC$, dessen Flächeninhalt *größer* als der des Dreiecks ABC ist. Setzt man nun an die Katheten $A'C'$ und $B'C'$ dieses Dreiecks die durch AC (bzw. BC) und die zugehörigen Bögen begrenzten Bereiche an (in Abb. 11 schraffiert), so entsteht der in Abb. 12 dargestellte Bereich.

Durch Spiegelung dieser Figur an der Hypotenuse $A'B'$ entsteht schließlich ein Bereich $\mathfrak{B}^*$, dessen Randkurve C^* die Länge L hat. $C^* \in \mathfrak{M}$, aber der von C^* eingeschlossene Bereich $\mathfrak{B}^*$ hat einen Flächeninhalt $F(\mathfrak{B}^*)$, der größer als der von $\mathfrak{B}_2$ ist: $F(\mathfrak{B}^*) > F(\mathfrak{B}_2)$. Das Ergebnis kann so zusammengefaßt werden:

> Jede Kurve $C \in \mathfrak{M}$, die kein Kreis ist, kann »verbessert« werden.

Daraus folgert Steiner:

> Der Kreis ist die Lösung des isoperimetrischen Problems.

Erst Karl Weierstraß hat herausgefunden, daß dieser Schluß Steiners nicht stichhaltig ist. Der schöne Beweis Steiners hat doch nur dies gezeigt: *Eine Kurve, die kein Kreis ist, kann nicht Lösung unseres Extremalproblems sein.*

Damit ist noch nicht gesagt, daß der Kreis die isoperimetrische Eigenschaft hat. *Es könnte ja sein, daß das von Steiner formulierte Extremalproblem überhaupt keine Lösung hat.* Der in der Infinitesimalrechnung geschulte Mathematiker kennt viele solcher Aufgaben. Wir wollen nur eine angeben: Es sei AB eine Strecke und $\mathfrak{B}$ die Menge der Kurvenbögen γ, die zusammengesetzt

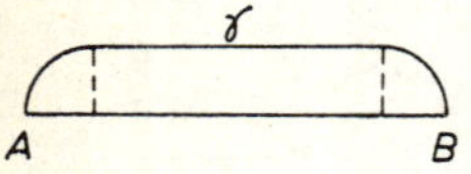

Abb. 13

sind aus einer zu AB parallelen Strecke und zwei auf AB senkrechten Viertelkreisen (Abb. 3). Gesucht ist die Kurve $\gamma \in \mathfrak{B}$ *von minimaler Länge.* Dieses Extremalproblem hat *keine Lösung.* Offenbar sind alle Kurven γ länger als die Strecke AB. Es gibt auch zu jedem $\varepsilon > 0$ eine Kurve $\gamma^* \in \mathfrak{B}$, deren Länge kleiner als $L(AB) + \varepsilon$ ist. $L(AB) = l$ ist also die *untere Grenze* für die

Länge aller Kurven $\gamma \in \mathfrak{B}$. Es gibt aber keine Kurve γ, deren Länge *gleich* dieser Zahl l ist. Man beachte, daß ja die Strecke AB selbst *nicht* zu $\mathfrak{B}$ gehört.

Wer sagt uns also, daß das Steinersche Extremalproblem eine Lösung hat? Man kann in der Tat beweisen, daß es so ist und damit den interessanten Steinerschen Beweis abschließen. Es ist auch möglich, die isoperimetrische Eigenschaft des Kreises *direkt* zu beweisen[25]. Uns kommt es bei diesem Beispiel auf folgendes an:

> Es gibt unzulässige Verallgemeinerungen, die sich nicht durch in die Augen springende Fehlergebnisse ausweisen.

In unserem Beispiel führte die Unterstellung, daß unser Extremalproblem (wie so viele andere) doch eine Lösung haben müsse, zu einer nicht gerechtfertigten Verkürzung des Beweises. Wer durch den Umgang mit Paradoxien geschult ist, wird solche »Kurzschlüsse« vermeiden. Es ist übrigens in diesem Fall möglich, durch ein drastisches Gegenbeispiel die Steinersche Schlußweise ad absurdum zu führen.

Fragen wir nach der größten aller natürlichen Zahlen. Jeder weiß, daß es ein solches Maximum nicht gibt. Aber vergessen wir das einen Augenblick lang und versuchen wir, den Grundgedanken der Steinerschen Lösung hier anzuwenden. Wir betrachten dazu die eindeutige Zuordnung der natürlichen Zahlen und ihrer Quadrate (vgl. die Galileische Paradoxie S. 34). Abgesehen von der 1 gilt für alle natürlichen Zahlen n, daß die Quadratzahl größer ist:

Man kann also für jede von 1 verschiedene natürliche Zahl n eine größere angeben: n^2. *Jede von* 1 *verschiedene Zahl kann also »verbessert« werden.* Nach der Logik des Steinerschen Schlusses ist also 1 die größte aller natürlichen Zahlen. Hier ist der Trugschluß offenbar!

[25] Näheres in [12].

IV. Definitionen

> Keines von den Dingen definieren wollen, die in sich selbst so bekannt sind, daß man keine noch klareren Begriffe hat, um sie zu erklären.
> Keinen der etwas dunklen oder doppeldeutigen Begriffe undefiniert lassen.
> Bei der Definition der Begriffe nur vollkommen bekannte oder schon erklärte Worte verwenden.
>
> Pascal[1]

1. Möglichkeiten und Grenzen des Definierens

Man frage in einer hitzigen Diskussion über politische oder philosophische Fragen den Sprecher nach der Definition seiner Begriffe. »Was verstehen Sie eigentlich unter Demokratie (Freiheit, Menschlichkeit, Bildung)?« Wenn der Angesprochene so leichtsinnig ist, auf den Zwischenruf einzugehen, so kann es geschehen, daß er in arge Verlegenheit gerät. »Freiheit ..., Freiheit ist, Freiheit ist, wenn man ...«

Wir haben als Motto über dieses Kapitel einige gescheite Worte von Pascal über das Definieren gesetzt. Es ist aber gerade bei oft gebrauchten Begriffen in der philosophischen oder politischen Diskussion nicht so einfach, nach den Ratschlägen Pascals zu verfahren. Was sind denn so einfache Begriffe, »daß man nicht noch klarere hat, um sie zu definieren«? Und welche Termini müssen als »etwas dunkel« gelten? Bei vielen sich sehr gelehrt gebenden Definitionen – wir verweisen auf die in der Einleitung zusammengestellten Definitionen des Begriffes »Bildung« – hat man den Eindruck, daß Einfaches durch Definition erst schwierig gemacht wird. Und wenn ein Diskussionsredner nicht immer in der Lage ist, auf Anhieb für seine Begriffe eine sprachliche und sachlich saubere Definition zu geben, so ist das durchaus verständlich.

Trotzdem ist das Einüben des Definierens kein müßiges Spiel. Es gibt mancherlei Situationen, in denen das präzise Erklären eines Begriffes eine unabweisbare Notwendigkeit ist. Wenn man einen Menschen wegen Diebstahls oder Betruges einsperren will, muß man sehr klar sagen, was denn »Diebstahl« und »Betrug« sei. Es ist interessant, daß der erste Diebstahl elektrischen

[1] Zitiert aus: Blaise Pascal, Methode und Psychologie des Gelehrten; Abteilung II, Regeln für die Definitionen.

Stromes in Deutschland nicht bestraft werden konnte. Die Sachverständigen konnten nicht sagen, daß elektrischer Strom eine »fremde, bewegliche Sache« sei, und deshalb blieb die erste Anzapfung einer elektrischen Leitung straffrei. Die Definition des »Diebstahls« mußte erst so verallgemeinert werden, daß die unbefugte Entnahme elektrischen Stromes einwandfrei darunter fiel.

Leider sind die Aussagen unserer Gesetze nicht immer so klar. Es ist in den letzten Jahren mit Recht darauf hingewiesen worden, daß etwa der Begriff des »Landesverrats« klar definiert sein müsse, wenn man Menschen wegen dieses Verbrechens bestrafen will. Es wäre nicht schwer, weitere Beispiele für die Notwendigkeit präziser Definitionen zu geben.

Gelegentlich wird wohl im Deutschunterricht versucht, die Schüler im Definieren einer Sache oder eines Begriffes zu üben. Wir meinen, daß vor allem der Mathematikunterricht das geeignete Feld für solche Bemühungen ist. In der »Wissenschaft von den formalen Systemen« ist es nämlich möglich und – in den letzten Jahrzehnten – auch üblich, die nicht zu definierenden Grundbegriffe klar zu bezeichnen. Alle übrigen Termini gelten dann als »dunkel« und der Definition bedürftig. Auf diese Weise gewinnt man eine Klarheit der Begriffsbildung, wie sie im Bereich der Geisteswissenschaften nicht erreicht werden kann.

Damit leistet die Mathematik einen wichtigen Beitrag zur Bildung des Menschen. Es darf erwartet werden, daß der Mathematiker mindestens *versuchen* wird, auch in anderen Bereichen des Lebens Klarheit der Begriffe und Aussagen zu schaffen.

Euklid begann seine Fundierung der Geometrie in den ›Elementen‹ mit einigen Definitionen:

> Ein Punkt ist, was keinen Teil hat.
> Eine Gerade ist eine Linie, die gleich liegt mit den Punkten auf ihr selbst.

Es sind mancherlei Versuche gemacht worden, diese Definitionen zu verbessern. Auf Platon wird diese Formulierung zurückgeführt:

> Eine Gerade ist die Linie, deren innere Punkte den Endpunkten im Wege (im Lichte) stehen.

Wir würden sagen: Geraden sind die Wege der Lichtstrahlen. Archimedes schließlich definiert so:

Die Gerade ist die kürzeste aller Linien zwischen zwei Punkten.

Alle diese Definitionen sind unzulänglich. Euklids Definition des Punktes sagt uns, was *kein* Punkt ist (was nämlich einen Teil hat), und die Definition der Geraden ist in sich unklar: Was heißt schon »gleich liegen mit den Punkten auf ihr selbst«?

Man könnte geneigt sein, die Archimedische Definition der Geraden für brauchbar zu halten. Aber man darf nicht übersehen, daß hier der Begriff der *Entfernung* als bekannt unterstellt wird. Wie soll man aber die Entfernung definieren, wenn der Begriff der Geraden (und damit auch der einer Meßstrecke) nicht benutzt werden kann?

Die moderne Mathematik hat daraus die Konsequenz gezogen, daß man auf die Definition der geometrischen Grundbegriffe (Punkt, Gerade, Ebene) verzichten müsse. Sie folgt damit den Empfehlungen Pascals, der von der Definition solcher Begriffe abrät, für die man nicht »noch klarere Begriffe« zur Erklärung benutzen kann. Der Begriff »Entfernung« ist nicht »klarer« als der Begriff »Gerade«, und es bedarf bei dem heutigen Stand der Physik keiner besonderen Begründung, daß die Fundierung des Geradenbegriffs durch die Lichtstrahlen keine für den Mathematiker brauchbare Möglichkeit ist.

David Hilbert beginnt in seinen klassischen ›Grundlagen der Geometrie‹ so:

> Wir denken drei verschiedene Systeme von Dingen: die Dinge des ersten Systems nennen wir Punkte und bezeichnen sie mit A, B, C, ...; die Dinge des zweiten Systems nennen wir Geraden und bezeichnen sie mit a, b, c, ...; die Dinge des dritten Systems nennen wir Ebenen und bezeichnen sie mit $\alpha, \beta, \gamma, \ldots$
>
> Wir denken die Punkte, Geraden und Ebenen in gewissen gegenseitigen Beziehungen und bezeichnen diese Beziehungen durch Worte wie »liegen«, »zwischen«, »parallel«, »kongruent«, »stetig«; die genaue und vollständige Beschreibung dieser Beziehungen erfolgt durch die Axiome der Geometrie.

Diese Sätze sagen nichts darüber aus, was die »Dinge« der drei Systeme sind. Wir haben zunächst die Freiheit, uns darunter vorzustellen, was wir wollen, wenn es nur mit den (bei Hilbert anschließend notierten) Axiomen verträglich ist.

Was man sich dabei unter Punkten, Geraden und Ebenen vorstellt, ist für die formale Theorie unerheblich. Hilbert hat das einmal in einem Brief an Frege[2] auf drastische Weise deutlich gemacht:

> Wenn ich unter meinen Punkten irgendwelche Systeme von Dingen, z. B. das System: Liebe, Gesetz, Schornsteinfeger ... denke und dann nur meine sämtlichen Axiome als Beziehungen zwischen diesen Dingen annehme, so gelten meine Sätze, z. B. der Pythagoras, auch von diesen Dingen. Mit anderen Worten: eine jede Theorie kann stets auf unendlich viele Systeme von Grundelementen angewandt werden.

Natürlich hat Hilbert nicht ernstlich vorgehabt, mit dem System »Liebe, Gesetz, Schornsteinfeger ...«[3] Geometrie zu treiben. Ihm kam es darauf an, auf diese Weise seinen »formalistischen« Standpunkt deutlich zu machen, der den Verzicht auf eine »Ontologie« der geometrischen Grundbegriffe impliziert. Inzwischen hat sich die Auffassung durchgesetzt, daß die Mathematik durch die von Hilbert praktizierte intellektuelle Redlichkeit nur gewinnen kann.

Es sind mancherlei Variationen des Hilbertschen Ansatzes möglich. Man kann z. B. (so macht es Richard Baldus[4]) *nur die Punkte* zu Grundelementen der Theorie machen. Dann führt man für diese Punkte eine Beziehung »zwischen« ein, deren Eigenschaften durch gewisse Axiome festgelegt werden. Eine Gerade wird dann *definiert* als eine Menge von Punkten, für die eine »Zwischenbeziehung« besteht.

Es gibt eine andere Möglichkeit zur Fundierung der Geometrie, die auch eine Definition des »Punktes« gestattet. Dann muß man aber die Grundbegriffe der Mengenlehre als nicht zu definierende Fundamente der Theorie wählen!

Georg Cantor hatte freilich noch geglaubt, den Begriff der Menge definieren zu können. Wir haben seine Erklärung schon auf S. 16 zitiert. Die moderne Mathematik (die Begriffsbildungen wie die der Russellschen Menge vermeiden will) läßt aber die Cantorsche Formulierung nur noch als einen ersten Versuch gelten, sich vom Wesen der »Menge« eine Vorstellung zu machen.

Die axiomatische Mengenlehre verzichtet auf eine solche

[2] Der Briefwechsel von Hilbert und Frege wurde von Max Steck in den Sitzungsberichten der Heidelberger Akademie der Wissenschaften (math. nat. Kl.), Jahrgang 1941, veröffentlicht.

[3] An anderer Stelle setzt Hilbert für »Punkte, Geraden, Ebenen« das System »Tische, Stühle, Bierseidel«. Das erwähnt Otto Blumenthal in seiner Hilbert-Biographie in den ›Gesammelten Abhandlungen‹ von H. (Berlin 1935, Bd. 3, S. 388–429).

[4] Siehe z. B. Baldus, Nichteuklidische Geometrie, Sammlung Göschen Band 970.

Definition und legt die Relation des Enthaltenseins (∈) durch geeignete Axiome fest. Damit ist ein Fundament gegeben für die Theorie der topologischen oder der metrischen Räume. Man kann dann sagen, daß ein Punkt ein Element einer Menge sei, die den Charakter eines (topologischen oder metrischen) Raumes hat.

Ob man nun elementargeometrisch oder mengentheoretisch vorgeht: Stets gibt es gewisse »Grundbegriffe«, die nicht definiert werden. Alle weiteren Begriffe können und müssen erklärt werden.

In einem modernen, für das 1. Schuljahr im Gymnasium bestimmten Lehrbuch der Mathematik wird die Geometrie so eingeführt[5]:

> Wenn wir auf einem Blatt Papier *Punkte* andeuten wollen, so drücken wir die Spitze eines Bleistiftes oder besser die Spitze einer Nadel auf das Blatt. Betrachten wir die Einstiche mit einer Lupe, so sehen wir, daß sie wegen ihrer Ausdehnung nicht der Vorstellung entsprechen, die wir von einem Punkt haben ...
>
> Wir erinnern uns, daß es die Menge der natürlichen Zahlen oder andere mathematische Begriffe nur in unserem Denken gibt. Ebenso gibt es Punkte nur in unserem Denken.

Wir sind mit dieser die Mentalität der Zehnjährigen berücksichtigenden Einführung in die Geometrie durchaus einverstanden. Es kommt nur auf eins an: *Diese geometrische Propädeutik darf nicht das letzte Wort der Schule zu den Grundlagenfragen der Geometrie sein!* Man verzichtet auf die Methode Euklids im geometrischen Anfangsunterricht: Gut! Aber dann muß in der Oberstufe die Frage nach dem Wesen der geometrischen Grundgebilde, nach den Definitionen und der Möglichkeit des axiomatischen Aufbaus neu gestellt werden. Hier ergibt sich eine über die Facharbeit hinaus bedeutsame Schulung in der Kunst des Definierens und des sauberen Schließens. Der Übergang vom anschaulichen Erfassen geometrischer Sachverhalte zum Beweisen ist in der Unterstufe unserer Schulen meist fließend. Irgendwann muß der Schüler erfahren, wie man die Grundtatsachen der Geometrie aus Axiomen entwickeln kann. Wir wollen hier nicht entscheiden, wann und mit welcher Intensität das geschehen soll. Aber jeder Abiturient sollte wissen, was ein Axiomensystem ist und welche Probleme das Definieren von Punkten und Geraden stellt.

[5] Hahn-v. Hanxleden, Mathematik für Gymnasien, 5. Schuljahr. Braunschweig 1964.

Bei Gesprächen mit Studenten des ersten Semesters fällt auf, daß die jungen Kommilitonen nur selten die von der Schule her vertrauten mathematischen Begriffe klar definieren können. Das liegt wohl daran, daß das Rechnen von »Aufgaben« immer noch ausschließlich im Vordergrund steht. Man rechnet in den Klassenarbeiten, und auch beim Abitur geht es in der schriftlichen und mündlichen Prüfung meist immer wieder um den Kalkül. Neuerdings werden gelegentlich mathematische »Aufsätze« verlangt, aber die Sicherheit im Definieren wird nur selten getestet.

Natürlich wäre es Unsinn, wollte man die Definitionen auswendig lernen. Aber der Schüler muß auch so gründlich mit den mathematischen Begriffen vertraut sein, daß er *mit eigenen Worten* sagen kann, was eine Funktion, ein Häufungspunkt einer Zahlenfolge, was ein Quadrat und was ein Oktaeder sei. Wenn man die Bildungsmöglichkeiten des mathematischen Unterrichts ausschöpfen will, sollte man jedenfalls die Sicherheit im Definieren fördern.

Es wurden 22 Studenten des ersten Semesters aufgefordert, eine Reihe von Begriffen der Schulmathematik (schriftlich) zu definieren. Ein im Schuldienst erfahrener Kollege hatte uns bestätigt, daß die Abiturienten mit den gestellten Aufgaben nicht überfordert seien.

Dies sind die aufgegebenen Begriffe:

1. Flächeninhalt eines Vielecks,
2. Raute (Rhombus),
3. rationale Zahl,
4. Grenzwert einer Zahlenfolge,
5. Funktion,
6. Punkt,
7. reelle Zahl,
8. Primzahl,
9. Würfel,
10. das kleinste gemeinsame Vielfache von drei natürlichen Zahlen *a*, *b*, *c*.

Da heute in allen Schulen Differentialrechnung getrieben wird, schien die Frage nach dem »Grenzwert einer Zahlenfolge« angebracht. Es wurde bewußt auf die schwierigere Definition des Differentialquotienten oder des Integrals verzichtet. Zu Aufgabe 1 wurde ausdrücklich gesagt, daß es um die *Definition* des

Flächeninhalts ging, nicht um ein Verfahren zur Berechnung. Es war uns klar, daß man eine vernünftige Antwort auf die Aufgabe 6 (Punkt) nur dann erwarten konnte, wenn die Problematik des Definierens von Punkt und Gerade Gegenstand des Unterrichts gewesen war. Das Ergebnis der Befragung zeigt, daß der überwiegenden Mehrzahl der Abiturienten dieser Problemkreis fremd geblieben ist.

Wir berichten nun über einige Ergebnisse, und zwar über die Definitionen von Punkt, Grenzwert und Flächeninhalt. Die in Klammern beigegebene Zahl ist die Note in Mathematik bei der Reifeprüfung.

Punkt:

1 Ein Punkt wird durch seine Koordinaten x und y bestimmt (2).
2 Unter einem Punkt kann man sich eine bis auf den kleinstmöglichen Wert geschrumpfte Strecke vorstellen (2).
3 Der Punkt ist das Element einer Linie, bewegt er sich, so entsteht sie (2).
4 Bestimmung eines Ortes ohne Dimension (1).
5 Ein Punkt ist ein geometrischer Körper, aus einem winzigen Punkt als Grundfläche und einer Höhe, die durch das Einzeichnen mit Kreide usw. entsteht (3).
6 Man kann einen Punkt als eine Fläche ohne Ausdehnung (ohne Flächeninhalt) bezeichnen (3).
7 Ein Punkt ist der kleinste geometrische Ort und zugleich der Grenzwert einer Geraden, wobei A mit B zusammentrifft (2).
8 Ein Punkt kann mehrere Funktionen ausführen. Er ist das gebräuchliche Zeichen für eine Multiplikation (2).
9 Ein Punkt ist der Grenzwert einer Geraden, bevor sie zu null wird.
10 Was ein Punkt ist, kann nicht definiert werden. Es ist keine Definition zu sagen, ein Punkt sei, was keinen Teil habe, denn hier wird definiert, was der Punkt *nicht* ist. Auch die Bezeichnung eines Punktes als Ort im Raume wird wohl von den Mathematikern nicht als Definition anerkannt (3).

Die weiteren nicht aufgeführten Antworten entsprechen den Aussagen der Nummern 1–9. Es erscheint bemerkenswert, daß die einzig brauchbare Antwort 10 von einem Abiturienten stammt, der nur die Note »Befriedigend« im Abitur hatte. Sein

Lehrer war offenbar auf die Problematik des Definierens in der Geometrie eingegangen, die der anderen 21 Studenten nicht. Wenn man auf die grundlegende Auseinandersetzung über das Wesen der Axiome zwischen Hilbert und Frege eingeht und womöglich das aufreizende Beispiel Hilberts bringt (»Liebe, Gesetz und Schornsteinfeger«, s. S. 61!), dann wird der Schüler durch die Frage nach dem Wesen des »Punktes« nicht mehr in Verlegenheit kommen.

Unsere Befragung zeigt also, daß die Grundlagenprobleme von der überwiegenden Zahl der Lehrer nicht behandelt wurden. Die Differentialrechnung steht auf dem Lehrplan, und man darf annehmen, daß der Begriff der Zahlenfolge und des Grenzwertes jedem Abiturienten vertraut ist. Da nur 4 Abiturienten die Antwort auf die Frage nach dem »Grenzwert einer Zahlenfolge« verweigerten, dürfen wir annehmen, daß tatsächlich im allgemeinen dieser Begriff Gegenstand des Schulunterrichts ist. Wir notieren typische Antworten auf die gestellte Frage:

Grenzwert einer Zahlenfolge:

1 Die Summe einer Zahlenfolge nähert sich einer Schranke auf beliebig kleines ε. Die Schranke kann den Grenzwert bilden (2).
2 Grenzwert einer Zahlenfolge erhalte ich, wenn ich eine bestimmte Zahl dieser Folge gegen Null gehen lasse. Dadurch fällt dann diese Zahl heraus, und ich erhalte den zurückbleibenden Grenzwert (2).
3 Der Grenzwert einer Zahlenfolge ist der Wert einer Funktion, der der letzte ist, bevor sie zu null, unendlich oder zu einer anderen Funktion wird. Um die Ableitung einer Funktion zu bilden, braucht man ihren Grenzwert (2).
4 Der Grenzwert ist die Summe der Zahlenfolge (2).
5 Ein Wert, der mit dem Endwert einer Zahlenfolge annähernd gleich ist (2).
6 Wenn sich eine Folge von Zahlen einem bestimmten erkennbaren Wert nähert, so nennt man diesen Wert den Grenzwert der Zahlenfolge (2).
7 Hat eine Zahlenfolge einen einzigen Häufungspunkt, so nennt man diesen Grenzwert (3).

Die einzige brauchbare Antwort stammt von einem Abiturienten mit der Note »3«; alle andern hier zitierten haben »gut« im Reifezeugnis. Von den hier nicht aufgeführten Antworten ähneln vier der Antwort 6; die übrigen sind so verfehlt wie die Antworten 1–5.

Diese Befragung zeigt eine erschreckende Unsicherheit im Definieren selbst bei guten Abiturienten. Es wird weiter klar, daß sich offenbar die meisten Lehrer auf eine etwas vage Erklärung des Grenzwertbegriffes (»streben nach«) beschränken (Antwort 6 und entsprechende).

Berichten wir schließlich noch darüber, was unsere Abiturienten vom »Flächeninhalt eines Polygons« wissen! Im Schulunterricht wird ja oft ein Flächeninhalt berechnet, und es ist doch nicht zu viel verlangt, wenn man erwartet, daß der Schüler weiß, was er ausrechnet. Es wurde ausdrücklich gesagt, daß nicht ein Rechenverfahren erfragt wird, sondern eine Definition. 10 von 22 Abiturienten gaben keine Antwort. Von den übrigen Definitionen notieren wir wieder die wichtigsten[6]:

Flächeninhalt eines Vielecks:

1 Der Flächeninhalt eines Vielecks wird von allen Seiten durch Geraden begrenzt (3).

2 Der Flächeninhalt eines Vielecks wird gebildet aus Dreiecksflächen. Die Anzahl der Ecken gibt an, in wieviele Teildreiecke das Vieleck zerlegt werden kann (3).

3 Flächeninhalt eines Vielecks: Das ist das Stück einer Ebene, das von den Seiten eines Vielecks eingeschlossen wird (4).

4 Unter dem Flächeninhalt eines Vielecks versteht man den Betrag der Fläche, die von mehreren Strecken begrenzt wird (2).

5 Der Flächeninhalt eines Vielecks ist die Summe unendlich vieler Vierecke (2).

6 Der Flächeninhalt eines Vielecks wird bestimmt durch das Integral der Funktion, deren Bild die Fläche auf der einen Seite begrenzt, während die Abszisse oder die Ordinate die andere Grenze bildet. Man berechnet dazu das bestimmte Integral zwischen den Grenzen, die angegeben werden. Diese Grenzen sind die Schnittpunkte der Kurve mit der Abszisse bzw. Ordinate (2).

Die Integraldefinition 6 fand sich nur einmal. Die übrigen hier nicht notierten Antworten entsprachen denen der Nummern 1–5.

[6] Die Nummern in Klammern sind wieder die Noten der Reifezeugnisse.

Wir wollen den Bericht über die Befragung von Abiturienten damit abbrechen und auf die Problematik des Definierens in der Schule in einigen konkreten Beispielen eingehen. Beginnen wir mit dem Begriff »Flächeninhalt«!

3. Definition des Flächeninhalts

Vor uns liegen fünf Schullehrbücher der Geometrie, die heute an vielen deutschen Schulen eingeführt sind. Die Abschnitte über den Flächeninhalt beginnen meist sofort mit Angaben über Rechenverfahren. Auf eine *Definition* des Begriffs Flächeninhalt wird verzichtet. Nur in einem Buch (Fladt-Kraft-Dreetz) steht am Anfang eine Erklärung:

> Eine Fläche messen heißt angeben, wie oft eine Flächeneinheit in ihr enthalten ist.

Wir wollen diese Erklärung als *Definition I* zitieren.

Danach ist der Flächeninhalt eine *natürliche* Zahl, und man gewinnt für Rechtecke mit kommensurablen Seiten leicht die Formel $F = a \cdot b$. Man braucht ja nur das Rechteck durch geeignete äquidistante Parallelen in die entsprechende Zahl von Quadraten zu zerlegen. Aber ist es so ganz trivial, daß für Flächeninhalt des rechtwinkligen Dreiecks mit den Katheten a und b die Formel $F = \frac{1}{2}\, a \cdot b$ gilt? Man hält doch daran fest, daß das Quadrat mit der Kante 1 als »Flächeneinheit« gelten soll. Kann man ein rechtwinkliges Dreieck (mit Katheten von ganzzahliger Länge) in eine ganze Zahl von Quadraten (mit der Seite 1 bzw. $\frac{1}{2}$) zerlegen? Das kann man in der Tat, wenn man

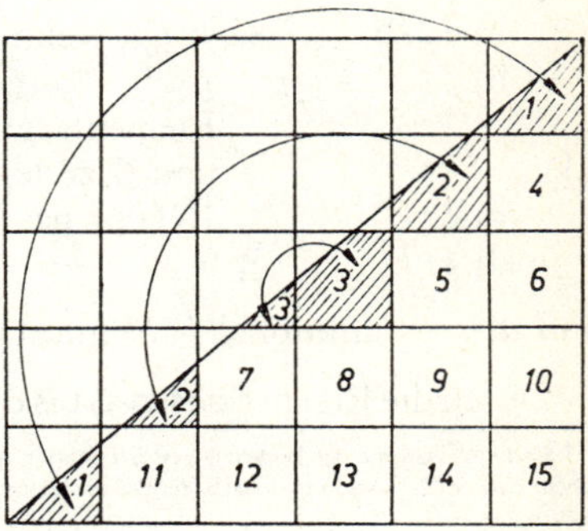

Abb. 14

die Zusammensetzung der Quadrate aus Teilpolygonen zuläßt. Das »Puzzlespiel« ist nicht immer so einfach wie beim Rechteck mit den Seiten 6 und 5 (Abb. 14), aber tatsächlich kann man die einzelnen Quadrate des Meßvorgangs in jedem Fall aufzeichnen und abzählen. Es mag nützlich sein, das in einzelnen einfachen Fällen tatsächlich durchzuführen. In den Schulbüchern haben wir es nirgends gefunden.

Man geht im allgemeinen so vor: Es wird als sicher unterstellt, daß es für alle Polygone (und darüber hinaus für die von stetigen Kurven begrenzten Bereiche) so etwas wie einen »Flächeninhalt« gibt, daß kongruente Figuren den gleichen Inhalt haben, daß bei Zerlegung eines Polygons P durch eine innere Diagonale in zwei Teilpolygone P_1 und P_2 für den Inhalt $J(P)$ die Funktionalgleichung

$$J(P) = J(P_1) + J(P_2)$$

erfüllt ist, und daß der Inhalt natürlich stets nicht negativ ist. Unter Benutzung dieser Eigenschaften gewinnt man sofort die bekannten Formeln für den Inhalt von Dreieck, Parallelogramm und Trapez.

Hier liegt eine interessante Verallgemeinerung der (ursprünglich nur für Rechteckmengen mit kommensurablen Seiten gedachten) *Definition I* (S. 67) vor. Es kommt nur darauf an, diese neue Definition klar zu formulieren:

Definition II:

Der Flächeninhalt eines Polygons P ist ein Funktional[7] $J(P)$, das jedem geschlossenen ebenen einfachen Polygon P eine reelle Zahl $J(P)$ zuordnet.

Es hat die folgenden Eigenschaften:

(1)
a) $J(P) = J(Q)$, wenn $P \equiv Q$.
b) $J(P+Q) = J(P) + J(Q)$, wenn $P+Q$ im Sinne der Elementargeometrie in die Polygone P und Q zerlegt ist,
c) $J(E) = 1$ (E ist das Einheitsquadrat),
d) $J(P) \geqq 0$

Für dieses Funktional $J(P)$ gilt nun der Satz:

Durch die Eigenschaften a) bis d) ist $J(P)$ eindeutig bestimmt.

[7] Sind die Elemente der Bildmenge einer Funktion speziell reelle Zahlen, so spricht man auch von einem *Funktional*. Unser Funktional bildet also die Menge der Polygone auf die Menge der nichtnegativen reellen Zahlen ab.

Diese Aussage ist sehr wichtig: Unsere neue Definition hätte wenig Wert, wenn es *mehrere* Funktionale mit den Eigenschaften (1) a)–d) gäbe. Das ist aber nicht der Fall:

Für Rechtecke mit rationalen Seiten ist das sofort aus (1) c) und (1) b) zu begründen.

Da man Rechtecke mit nichtrationalen Seiten a und b von innen und außen leicht durch Rechtecke mit rationalen Seiten approximieren kann, muß das Funktional $J(R)$ für beliebige Rechtecke das Produkt $a \cdot b$ der Seitenlängen sein. Das folgt sofort aus der postulierten Eigenschaft b).

Aus den Eigenschaften a) und b) erkennt man, daß die Flächenformel für ein Parallelogramm nur $F = g \cdot h$ lauten kann. Da man jedes Dreieck durch Anfügen eines kongruenten Dreiecks zu einem Parallelogramm ergänzen kann, ist [wieder wegen a) und b)] der Flächeninhalt eines Dreiecks durch die Zahl $\frac{1}{2} g \cdot h$ gegeben.

Man kann nun weiter leicht zeigen, daß dieses Funktional $\frac{1}{2} g \cdot h$ unabhängig ist von der speziellen Wahl der Grundseite und daß bei einer beliebigen Zerlegung eines Dreiecks in Teildreiecke das Funktional des ganzen Dreiecks gleich der Summe der Funktionale seiner Teile ist.

Daraus ergibt sich die Möglichkeit, den Flächeninhalt für ein Polygon zu definieren. Man zerlegt das Polygon durch innere Diagonale in Teildreiecke und definiert

$$J(P) = \Sigma J(D).$$

Dabei ist die Summe über alle Teildreiecke D zu erstrecken. Aus dem erwähnten Satz über das Dreiecksfunktional folgt dann sofort, daß $J(P)$ unabhängig ist von der speziellen Art der Triangulierung.

Die Definition des Flächeninhalts als Funktional ist natürlich auch anwendbar[8] in allen von stetigen Kurven begrenzten ebenen und beschränkten Bereichen.

Wir haben damit eine legitime Verallgemeinerung eines Begriffes durchgeführt, wie wir sie in der modernen Mathematik häufig finden[9]. Gerade weil wir uns oft gegen »unzulässige Verallgemeinerungen« wehren müssen, ist der Nachweis eines vernünftigen Verfahrens zur Verallgemeinerung von Definitionen wünschenswert.

[8] Bei geringen Variationen in der Formulierung von (1) a)–d).

[9] Wir nennen als Beispiel die verallgemeinerte Definition des Begriffs »Information« aus 4 Postulaten bei Alfred Rényi, Wahrscheinlichkeitsrechnung. Berlin 1962, S. 441.

Wir halten es für wichtig, daß der Schüler im Unterricht diese (oder eine ähnliche) moderne Definition des Flächeninhalts kennenlernt. Es geht nicht an, daß man Flächeninhalte berechnet, aber nicht zu sagen imstande ist, was man da ausrechnet. Wir wollen nicht darüber streiten, ob das schon in der Mittelstufe möglich ist. Wir meinen, daß sich die hier gegebenen Überlegungen wohl in eine solche Form bringen lassen, daß Tertianer folgen können.

Unerläßlich ist es jedenfalls, daß der Schüler spätestens in der Oberstufe mit korrekten Definitionen auf dem Gebiet der Flächen- und Volumenberechnung vertraut gemacht wird.

Es liegt nahe, die hier angestellte Überlegung auf den Raum zu übertragen[10].

Auch für die »Quadermengen« gelten die Eigenschaften (1). Natürlich muß man hier unter E den »Einheitswürfel« verstehen. Man kann dann ein beliebig vorgegebenes Polyeder durch geeignete Schnitte in Tetraeder[11] zerlegen und den Inhalt des Polyeders durch die Summe der Tetraederinhalte erklären. Aber wie rechtfertigt man die »bekannte« Formel

$$V(T) = \frac{1}{3} \cdot G \cdot h$$

für das Tetraeder? Es müßte gezeigt werden, daß $V(T)$ das einzige Funktional ist, das die Eigenschaften (1) a)–d) hat. Das ist nicht so einfach zu erledigen wie die entsprechende Aufgabe für das Dreieck. Diese Schwierigkeit hat ihren inneren Grund in der Gültigkeit des Dehnschen Satzes[12]. Danach gibt es Pyramiden mit gemeinsamer Grundfläche und Höhe, die *nicht* zerlegungsgleich sind. In der Ebene kann man jedes Polygon in ein Quadrat »verwandeln«, und daraus kann man leicht folgern, daß alle Polygone mit gleichem Inhalt auch zerlegungsgleich sind.

Im Raum gilt der entsprechende Satz nicht. Man kann zwar zeigen, daß alle Prismen einem gewissen Würfel zerlegungsgleich sind, und daraus folgt dann leicht eine »Rechtfertigung« der Formel $G \cdot h$ für den Inhalt eines Prismas aus den Eigenschaften (1) des gesuchten Funktionals. Da man aber nicht jedes Tetraeder in einen Würfel verwandeln kann, ist die Begründung für die Formel

[10] Wir folgen hier Hugo Hadwiger [18].

[11] Ein Tetraeder ist eine Pyramide mit dreieckiger Grundfläche. Sie wird hier und im folgenden nicht als regulär vorausgesetzt.

[12] Siehe dazu z. B. Herbert Meschkowski, Grundlagen der euklidischen Geometrie. Mannheim 1966 (BI-Hochschultaschenbuch 105/105a), S. 187ff.

$$V = \frac{1}{3} \cdot G \cdot h$$

nicht durch eine elementare Betrachtung möglich.

Man kann – wie es z. B. in dem Lehrbuch von Baur-Bruns geschieht – das Tetraeder von innen und außen durch Schichten von Prismen approximieren. Dann kommt man durch einen Grenzprozeß zu der Einsicht, daß nur das Funktional

$$V(T) = \frac{1}{3} \cdot G \cdot h$$

die Eigenschaften (1) hat.

Es gibt aber noch einen anderen – eleganteren – Weg zu diesem Schluß. Hadwiger gibt für das Volumen eines Polyeders eine geschlossene Formel an:

$$V(P) = \frac{1}{3} \cdot \sum_{\nu} F_{\nu}\,(\mathfrak{n}_{\nu}, \mathfrak{p}_{\nu}). \tag{2}$$

Dabei ist $\mathfrak{p}_{\nu}$ ein Vektor, der von einem beliebig gewählten Nullpunkt des Koordinatensystems zu einem Punkt der Seitenfläche mit der Nummer ν zeigt, $\mathfrak{n}_{\nu}$ ist die nach außen weisende Einheitsnormale der Fläche, F_{ν} der entsprechende Flächeninhalt (Abb. 15).

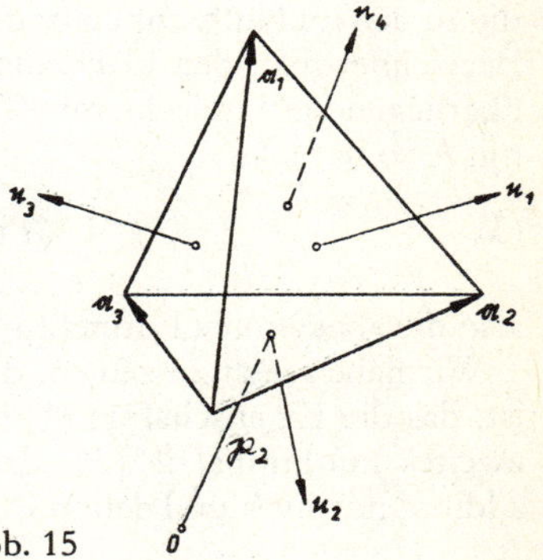

Abb. 15

Es ist zu zeigen, daß dieses Funktional das *einzige* ist, das die Eigenschaften (1) hat.

Dazu zeigen wir erst, daß $V(P)$ translationsinvariant ist. Es sei $\mathfrak{t}$ der Translationsvektor, P' das durch die Verschiebung um den Vektor $\mathfrak{t}$ entstehende Polyeder. Dann ist

$$V(P') - V(P) = \frac{1}{3} \sum_{\nu=1}^{n} F_\nu (\mathfrak{n}_\nu, \mathfrak{t}),$$

und diese Differenz verschwindet wegen[13]

$$\sum_\nu F_\nu \cdot \mathfrak{n}_\nu = \mathfrak{O}.$$

Zerlegt man P durch einen ebenen Schnitt in zwei Teilpolyeder P_1 und P_2, so gilt offenbar

$$V(P) = V(P_1) + V(P_2).$$

Durch die Zerlegung wird ja die Schnittfläche zweimal mit entgegengesetzten Normalvektoren eingefügt. Danach ist

$$V(P) = \sum_{\varrho=1}^{r} V(T_\varrho)$$

bei einer Zerlegung von P in lauter Tetraeder. Wegen der Translationsinvarianz kann man zur Bestimmung von $V(T)$ den Ursprung in eine Ecke des Tetraeders legen. Dann verschwinden aber die drei Summanden in

$$V(T) = \frac{1}{3} \sum_{\nu=1}^{4} F_\nu \cdot (\mathfrak{n}_\nu, \mathfrak{p}_\nu),$$

die zu den im Nullpunkt zusammenstoßenden Flächen gehören. Bezeichnet man den Flächeninhalt des dem Nullpunkt gegenüberliegenden Dreiecks mit G und das Lot auf dieses Dreieck mit h, so hat man

(3) $$V(T) = \frac{1}{3} G \cdot h,$$

also die »bekannte« Formel für die Pyramide.

Wir haben jetzt zu zeigen, daß $V(P)$ das einzige Funktional ist, das die Eigenschaften (1) hat. Nehmen wir an, es gäbe ein zweites Funktional $W(P)$, das ebenfalls bewegungsinvariant, additiv, normiert und definit ist (1) a)–d). Dann hat die Differenz

(4) $$Y(P) = W(P) - V(P)$$

die folgenden Eigenschaften:

(α) Es ist $Y(P) = Y(P')$, wenn $P \equiv P'$,

[13] Das folgt für ein Tetraeder leicht aus der für die Vektoren $\mathfrak{a}_1$, $\mathfrak{a}_2$ und $\mathfrak{a}_3$ (Abb. 15) gültigen Identität. $(\mathfrak{a}_1 \times \mathfrak{a}_2) + (\mathfrak{a}_3 \times \mathfrak{a}_1) + (\mathfrak{a}_2 \times \mathfrak{a}_3) + (\mathfrak{a}_2 - \mathfrak{a}_3) \times (\mathfrak{a}_1 - \mathfrak{a}_3) = \mathfrak{O}$.

(β) Es ist $Y(P) = Y(P_1) + Y(P_2)$, wenn $P = P_1 + P_2$ im Sinne der Elementargeometrie zerlegt ist;

(γ) $Y(P) = 0$
gilt für alle Polyeder, die einem Würfel zerlegungsgleich sind, insbesondere für alle Prismen.

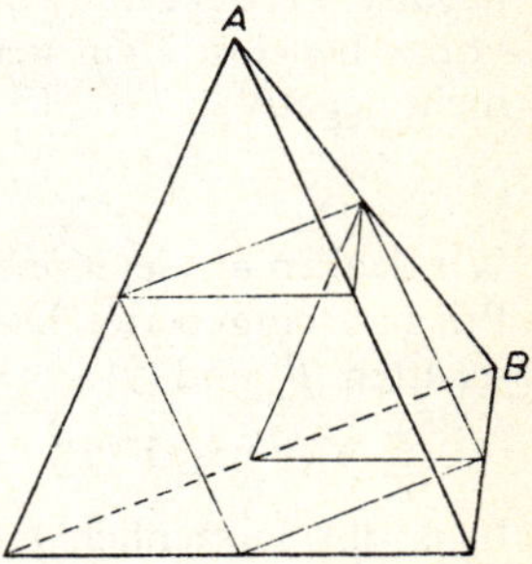

Abb. 16

Die Eigenschaft (γ) folgt aus der schon erwähnten Tatsache, daß für die genannten Polyeder $V(P)$ das einzige Funktional das mit den Eigenschaften (1) ist.

Um zu zeigen, daß $Y(T) = 0$ ist für alle Tetraeder (und damit auch für alle Polyeder), zerlegen wir ein beliebiges Tetraeder T nach der in Abb. 16 angegebenen Zeichnung.

Die Schnitte sollen jeweils durch die Mitte der Kanten gehen. Dann zerfällt T in zwei Tetraeder[14] $\frac{1}{2}\,T$ (mit den Spitzen bei A und B) und zwei Prismen P_1 und P_2:

$$T = 2 \cdot \tfrac{1}{2}\,T + P_1 + P_2.$$

Wegen der Eigenschaften (α), (β) und (γ) gilt dann für $Y(T)$:

$$Y(T) = 2\,Y\left(\frac{1}{2}\,T\right).$$

Durch fortgesetzte Wiederholung des Zerlegungsprozesses folgt daraus für jede natürliche Zahl n:

$$Y(T) = 2^n\,Y\left(\frac{1}{2^n}\,T\right). \tag{5}$$

Für das Funktional $V(T) = \frac{1}{3}\,Gh$ gilt dagegen

$$V(T) = 8^n\,V\left(\frac{1}{2^n}\,T\right). \tag{6}$$

[14] $\frac{1}{2}\,T$ ist ein zu T ähnliches Tetraeder mit dem *linearen* Ähnlichkeitsfaktor $\frac{1}{2}$.

Aus (4), (5) und (6) gewinnen wir schließlich

$$(7) \qquad 2^n \cdot W\left(\frac{1}{2^n} T\right) = Y(T) + \frac{1}{4^n} V(T).$$

Die linke Seite ist nach Voraussetzung [Eigenschaft (1) d)] nicht negativ. Da der zweite Summand von (7) durch geeignete Wahl von n beliebig klein gemacht werden kann[15], ist auch $Y(T)$ nicht negativ:

$$(8) \qquad Y(T) \geqq 0.$$

Wir denken uns jetzt unser Tetraeder T in ein genügend großes Prisma P eingebettet. Dann haben wir nach (8) wegen der Eigenschaften (β) und (γ):

$$0 \leqq Y(T) \leqq Y(P) = 0.$$

Es ist also tatsächlich $Y(T) = 0$.

Bei diesem Beweis war die Voraussetzung $W(P) \geqq 0$ und $W(E) = 1$ durchaus wesentlich. Man kann zeigen, daß es Funktionale $W(P)$ mit den Eigenschaften (1) a) *und* b) gibt, die von $V(P)$ verschieden sind[16].

Wir wollen abschließend noch ein weiteres Beispiel zum Thema »Definitionen« geben, das die Einfachheit und die Präzision der mathematischen Sprache besonders deutlich macht.

4. Der Begriff »Relation« in der Mathematik und in der Philosophie

Man spricht in der Mathematik oft von »Relationen«. Man erklärt etwa:

Die Menge der Punkte der (x, y)-Ebene, für die eine *Relation*

$$(9) \qquad \frac{(x-\alpha)^2}{a^2} + \frac{(y-\beta)^2}{b^2} = 1$$

erfüllt ist, heißt eine Ellipse.

Es gibt andere »Relationen«, für die besondere Symbole eingeführt sind: Die Relation $<$ (kleiner) für reelle Zahlen, die Kongruenzrelation in der Geometrie (Zeichen: $\equiv$) oder in der Zahlentheorie, die Relation des Enthaltenseins (als Element)

[15] An dieser Stelle steckt ein Grenzprozeß; bei der üblichen Herleitung der Formeln hat man ihn statt dessen im Cavalierischen Prinzip.

[16] Siehe dazu z. B. [34], S. 86ff.

in der Mengenlehre (Zeichen: $\in$), die Teilmengenrelation ($\subset$), usf. Jede einzelne dieser Relationen kann (soweit sie nicht als »axiomatisch fundierter Grundbegriff« gilt) definiert werden. Was ist aber das Gemeinsame an all diesen »Relationen«, wie ist der Begriff »Relation« selbst zu definieren?

Bei all den hier erwähnten (zweistelligen) Relationen geht es doch immer darum, daß gewisse (geordnete) Paare von Elementen die Relation »erfüllen«, andere aber nicht. Es gibt z. B. durch Paare reeller Zahlen (x, y) festgelegte Punkte der Ebene, die auf der Ellipse (9) liegen, andere wiederum gehören nicht zu dieser »Paarmenge«. Entsprechendes gilt für die $<$-Relation. Für die Menge

(10) $$M = \{1,2,3\}$$

ist z. B. die Relation $<$ erfüllt für die Paare (1,2), (1,3), (2,3) *und nur für diese*: $1 < 2$, $1 < 3$, $2 < 3$ ist richtig, aber alle anderen Aussagen $a < b$ ($a \in M$, $b \in M$) sind falsch. Das veranlaßt uns zu der Definition:

> Eine (zweistellige) Relation in einer Menge A ist eine Teilmenge des kartesischen Produkts $A \times A$.

Das kartesische Produkt $A \times A$ ist dabei die Menge aller geordneten Paare (a,b) mit $a \in A$, $b \in A$. Für die durch (10) gegebene Menge M ist z. B.

$$M \times M = \{(1,1), (1,2), (1,3), (2,1), (2,2), (2,3), (3,1), (3,2), (3,3)\}.$$

Zur Relation $<$ gehören nur *drei* dieser Paare. Man schreibt:

$$< \;= \{(1,2), (1,3), (2,3)\}.$$

Das ist eine andere Schreibweise für die Tatsache, daß für die Elemente von M die Aussagen

$$1 < 2, 1 < 3, 2 < 3$$

gelten, nicht aber $2 < 2$, $2 < 1$, usf.

Man kann natürlich auch eine Relation für eine Menge B von *Menschen* betrachten:

a und *b* sind Landsleute,
a ist Sohn von *b*,
a ist schwerer als *b*,
a steht im Adreßbuch (in der »lexikographischen« Ordnung) vor *b*, usf.

Immer geht es auch hier darum, daß eine gewisse Teilmenge des kartesischen Produktes $B \times B$ gegeben ist, die Relation »ausmacht«. Die oben gegebene einfache Definition ist deshalb eine allgemein brauchbare, knapp formulierte und doch verständliche Definition des Begriffes »Relation«. Stellen wir dieser Erklärung eine philosophische Definition des Begriffes Relation gegenüber. In dem ›Philosophischen Wörterbuch‹ von Heinrich Schmidt (1952) heißt es unter »Relation«:

> Beziehung, Verhältnis zu mehreren Seienden irgendwelcher, subjektiver oder objektiver, abstrakter oder konkreter Art, bedeutet deren sachliches oder bedeutungshaftes Zusammensein, aufeinander Angewiesensein, Einanderbestimmen. Die Rel. besteht im einfachsten Fall aus drei Teilen: den beiden Bezugsgliedern oder Relaten (Relata) und dem eigentlichen Ausdruck der Rel., dem Bezugsstifter oder Relator.

Die mathematische Definition ist nicht nur einfacher, sondern auch umfassender: Auf einen (nicht immer gegebenen) »Bezugsstifter« kann verzichtet werden.

Dieses Beispiel macht verständlich, daß sich heute auch in den Geisteswissenschaften immer mehr die Tendenz durchsetzt, die einfache und präzise Sprache der Mathematik für die Formulierung der Aussagen nutzbar zu machen.

V. Infinitesimale Probleme

> Der große Kunstgriff, kleine Abweichungen von der Wahrheit für die Wahrheit selbst zu halten, worauf die gantze Differential-Rechnung aufgebaut ist, ist auch zugleich der Grund unserer wizzigen Gedancken, wo offt das Ganze hinfallen würde, wenn wir die Abweichungen in einer philosophischen Strenge nehmen würden. Lichtenberg[1]

1. Irrationalzahlen

Lichtenberg, der geistreiche Spötter, muß ja wohl wissen, was der Grund seiner »wizzigen Gedancken« ist. Mit seiner Bemerkung über die »gantze Differential-Rechnung« aber weicht er doch ein wenig von der Wahrheit ab. Wir müssen ihm freilich zugestehen, daß er in seinen Tagen Anlaß haben konnte, das Wesen dieser mathematischen Disziplin so zu sehen. Auch die ersten Versuche, die Infinitesimalrechnung im Schulunterricht einzuführen, waren durch die Unklarheiten des »Unendlich Kleinen« belastet.

Bevor wir auf die Probleme der Differentialrechnung eingehen, müssen wir über die Einführung der Irrationalzahlen reden, die ja der Behandlung der Infinitesimalrechnung vorausgeht.

In einem Kreis von Schulmathematikern vertrat ich die Ansicht, daß jeder Schüler eine gewisse Zeit lang in der Überzeugung leben müsse: »Es gibt keine Zahl, deren Quadrat gleich 2 ist.« Denn Zahlen sind für ihn zunächst *rationale* Zahlen, und es ist seit den Tagen der Pythagoreer bekannt, daß keine rationale Zahl das Quadrat 2 hat. Die Situation ist didaktisch durchaus analog zu der vor der Einführung der imaginären Zahlen.

Mir wurde heftig widersprochen. Mit den imaginären Zahlen sei das doch ganz anders. »Hier muß doch erst der Zahlkörper erweitert werden, bevor die Operation $\sqrt{-1}$ vollziehbar ist.« Wir einigten uns rasch darauf, daß das doch bei Einführung von $\sqrt{2}$ ebenfalls notwendig sei. Es ist bezeichnend, daß ein erfahrener Schulmathematiker aus der Routine seines Unter-

[1] Zitiert aus: Georg Christoph Lichtenberg, Gedankenbücher. Frankfurt 1963 (Exempla classica 82), S. 7.

richts auf einen so erstaunlichen Trugschluß verfallen konnte. Tatsächlich wird die Einführung der negativen Zahlen in der Schule gründlich vorbereitet, und über die Einführung der komplexen Zahlen wird schon deshalb viel geredet, weil das Wort »imaginär« so hintergründig erscheint. Aber die Irrationalzahlen sind einfach mit einem Male da. Es ist ja auch so einfach: Man stellt $y = x^2$ graphisch dar, und an der Kurve kann man dann die Umkehroperation leicht veranschaulichen. Oder man geht vom Kalkül des Wurzelziehens aus. Wenn er nicht abbricht und wenn der Bruch nicht periodisch wird, dann hat man eben eine »irrationale« Zahl.

Wer so lehrt, verschüttet wichtige Bildungsmöglichkeiten. Für die griechische Mathematik war die Entdeckung inkommensurabler Strecken ein erregendes Erlebnis[2]. Die pythagoreische Schule wurde durch diese Problematik gespalten, und der moderne Unterricht sollte diesen Problemkreis einfach beiseite lassen? Natürlich: die moderne Mathematik hat gelernt, das »Irrationale« zum Gegenstand einer mathematischen Theorie zu machen. Aber wenn man diese Leistung würdigen will, muß man erst einmal den Schock nachfühlen, der Platon zu seiner drastischen Äußerung über die »lächerliche und schmähliche Unwissenheit aller Menschen« veranlaßte. Dann mag man zeigen, wie die moderne Mathematik durch Erweiterung des Körpers der rationalen Zahlen eine legitime Behandlung des Irrationalen ermöglichte. Es gibt mehrere Methoden, den Begriff der reellen Zahl einzuführen. Dies sind die am häufigsten benutzten Möglichkeiten der Definition: Die reelle Zahl ist

a) eine Äquivalenzklasse von Intervallschachtelungen[3]
b) eine Äquivalenzklasse von Cauchy-Folgen bzw. Cauchy-Rastern[4]
c) ein »Anfang« in der Menge der rationalen Zahlen[5]
d) ein formaler Dezimalbruch[6].

Die unter c) und d) genannten Möglichkeiten dürften für die Schule am einfachsten sein. In manchen Lehrbüchern findet sich auch der Versuch, die reellen Zahlen durch Intervallschachtelungen einzuführen. Aber dann muß man die reelle Zahl wirklich

[2] Vgl. S. 38.
[3] [40], Bd. II.
[4] [39].
[5] [41].
[6] Dieses Verfahren wurde von Rautenberg vorgeschlagen. Vgl. [40], Bd. II.

als Äquivalenzklasse von Schachtelungen erklären, und das kompliziert.

Es gibt mutige Schulmathematiker, die heute bereits in der Mittelstufe eine korrekte Einführung der reellen Zahlen wagen. Wir haben aber keine Einwände, wenn man in dieser Stufe noch propädeutisch verfährt. Man sollte aber dann den *Körper der reellen Zahlen* in der Oberstufe einführen, bevor man mit der Infinitesimalrechnung beginnt.

2. Das »Unendlich Kleine«

Die ersten Versuche, die Infinitesimalrechnung im Schulunterricht einzuführen, waren durch die Unklarheiten des »Unendlich Kleinen« belastet. Sehr eindrucksvoll ist der Bericht, den der Begründer der Wandervogelbewegung, Hans Blüher, in seiner Biographie ›Werke und Tage‹[7] über seine Begegnung mit der Infinitesimalrechnung im letzten Jahre seiner Gymnasialzeit in Berlin-Steglitz gibt. Der Mathematiklehrer Wulfrum hat versucht, seinen Schülern noch die Bedeutung und die Schwierigkeit der »Infinitesimalrechnung« zu verdeutlichen:

> Sehr ernst aber wurde er, wenn das Problem der Unendlichkeit aufkam, »die man nicht mit der Ewigkeit verwechseln darf ...«, und ich sehe ihn noch, wie er in seinem schwarzen Gehrock in der letzten Stunde vor dem Abitur an der Tafel stand und uns das »triangulum characteristicum« des Leibniz aufzeichnete, »damit Sie etwas zum Nachdenken für später haben, meine Herren!« – Wir spürten bei dieser Anrede, die so ungewohnt war, eine feierliche Abschiedswehmut. »Sehen Sie: hier also ist das Koordinatensystem x ... y ... (s. Abb. 17) so! Nun eine beliebige Kurve ... so! und nun einen ebenso beliebigen Punkt A auf ihr; an diesen lege ich die Tangente an und fälle von A aus das Lot auf die x-Achse. Weiter errichte ich von A aus ein Lot in A auf der Tangente, die die x-Achse schneidet, so daß ein rechtwinkliges Dreieck ABC entsteht. Dieses nenne ich das ›charakteristische Dreieck‹ – jedenfalls nannte es Leibniz so. Jetzt kommt der zweite Akt: ich nehme auf der Tangente zwei Punkte D und E, die von A, das sowohl auf der Tangente als auf der Kurve liegt, gleich weit entfernt sind, und fälle von E ein Lot auf die x-Achse und

[7] München 1953, S. 127ff.

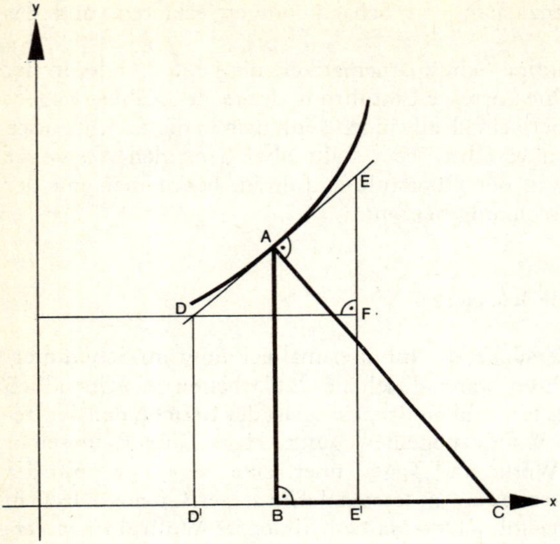

Abb. 17

von D eines auf die y-Achse: so entsteht ein zweites rechtwinkliges Dreieck, das dem ersten, dem ›charakteristischen‹, *ähnlich* ist. Ich schraffiere es, damit Sie deutlich sehen, worauf es nun ankommt. Ich fälle nämlich jetzt auch ein Lot von D auf die x-Achse, so daß auf ihm eine Strecke DD' entsteht. Und nun kommt es, passen Sie auf! Ich lasse die beiden Strecken DD' und EE' langsam zusammenrücken, und zwar so, daß das schraffierte Dreieck DEF gleichmäßig kleiner wird und zusammenschrumpft. Wie klein es nun aber auch werden möge: *immer* bleibt es dem unverrückbar großen ›charakteristischen Dreieck‹ ABC *ähnlich*, und alle Sätze, die für dieses gelten, zum Beispiel der Pythagoras, gelten auch für jenes, das immer kleiner wird. Und sie gelten auch dann, wenn die beiden Strecken DD' und EE' in *eine* Strecke zusammenrücken – so daß das schraffierte Dreieck zum Punkt wird. Dieser ›Punkt‹ aber hat es in sich! Er ist zugleich auch kein Punkt, nämlich ein rechtwinkliges Dreieck, dessen Hypotenuse ein Stück der Tangente ist und sich nach der Formel $c = \sqrt{a^2 + b^2}$ ausrechnen läßt ... verstanden?« Wir schwiegen in tiefer mathematisch-philosophischer Spannung – ich wenigstens. »Ein *antinomischer* Punkt also, der zugleich

Nichtpunkt ist, beides aber mit voller mathematischer Gültigkeit. Er ähnelt damit jener heimtückischen Giftküche ›0‹, aber bei ihm ist das Gift Balsam – wie das ja so häufig im Leben vorkommt –, und jetzt kommt es darauf an, wie sich Leibniz ausdrückte, ›die richtige Schreibweise zu finden‹, um aus dem so herbeigeführten analytisch-geometrischen Problem *eine neue Rechnungsart* zu entwickeln, die, so meinte er, uns gestatten würde, jede beliebige, auch unregelmäßige Kurve zu berechnen. Diese neue Rechnungsart ist nun, ›wenn man die Schreibweise gefunden hat‹, die später so berühmt gewordene Differential- und Integralrechnung, wobei die Größe der Hypotenuse $c = 0$ ist und zugleich Nichtnull, vielmehr ›unendlich klein‹.« – Es klingelte. »So, nun ist es aus ... !« Das war die letzte Mathematikstunde meines Lebens. Wulfrum legte die Kreide weg. Ich aber habe gerade eben an der Schwelle der höheren Mathematik gestanden, ohne aber diese selbst je handhaben zu können. Ich weiß auch heute noch nicht, wie das gemacht wird: die neue Schreibweise finden, nämlich die für den »Differentialquotienten«. Ohne Wulfrum konnte ich das nicht begreifen. Der aber hatte eben die Kreide weggelegt.

Die von Wulfrum gegebene »Einführung« in die Infinitesimalrechnung ist schon deshalb bedenklich, weil hier der Begriff der »Tangente« als bekannt vorausgesetzt wird. Er soll und kann ja gerade erst durch die Methoden der neuen Theorie begründet werden. Immerhin hat er seinen Schülern eine Vorstellung verschafft von den Schwierigkeiten, die es hier zu überwinden gilt.

Es ist im allgemeinen nicht mehr üblich, das »charakteristische Dreieck« nach dem Wulfrumschen Verfahren[8] zu erklären.

Man geht aus von einer Sekante PP_1 (Abb. 18), die die Steigung $\frac{\Delta y}{\Delta x}$ hat. Das Dreieck PP_1R_1 heißt dann das »charakteristische Dreieck«, und man gewinnt die Tangente als »Grenzlage« der Sekante und die Steigung aus einem »unendlich kleinen« charakteristischen Dreieck.

Um 1925 habe ich selbst an einer Berliner Schule die Infinitesimalrechnung kennengelernt. Wir haben den Leibnizschen Kalkül »gehandhabt«, aber die Frage nach dem Sinn des »unendlich kleinen Dreiecks« blieb offen. Und das, obwohl schon seit vielen Jahrzehnten eine exakte Behandlung der Infinitesimal-

[8] Wulfrum benutzte frühe Arbeiten von Leibniz.

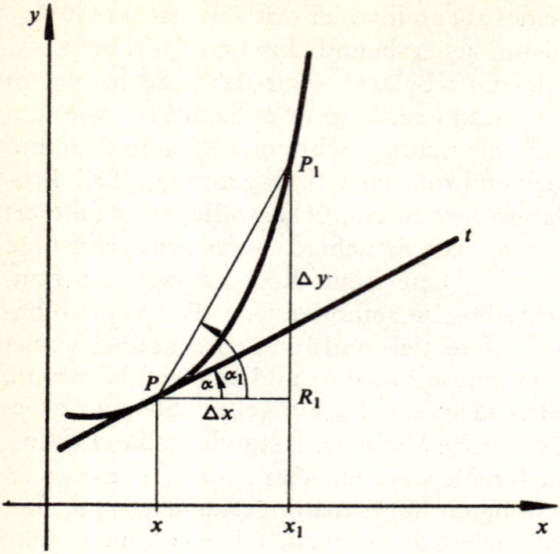

Abb. 18

rechnung möglich war. Aber unsere Mathematiklehrer meinten, daß die von Karl Weierstraß begründete Darstellung der Infinitesimalrechnung für die Schule zu schwer sei. Sie blieb der Universität vorbehalten.

Ich wollte von meinem Mathematiklehrer einmal erfahren, ob die Infinitesimalrechnung eine korrekte Methode sei oder nur so etwas wie eine »Näherungsrechnung«: »Entweder sind die Seiten des ›charakteristischen Dreiecks‹ von Null verschieden, dann ist die durch die Hypotenuse bestimmte Gerade eine Sekante und keine Tangente. Oder aber man läßt die Seiten wirklich Null werden, dann wird aus dem Differenzenquotienten der sinnlose Ausdruck $\frac{0}{0}$.«

Die Antwort war: »Es geht hier tatsächlich um eine absolut korrekte Methode, aber wie das möglich ist, können wir auf der Schule nicht erklären. Da müssen Sie warten, bis Sie zur Universität kommen.« Ich war gespannt. Als mein Freund ein Semester vor mir sein mathematisches Studium begann, bestätigte er mir: »Ja, dein Mathematiklehrer hat recht. Aber wie man das Problem löst, kann ich dir nicht erklären. Das ist so kompliziert!«

Inzwischen ist manches geschehen, um die Einführung der Infinitesimalrechnung didaktisch zu erleichtern. Die heute üblichen Schulbücher sind meist korrekt in ihren Begriffsbildungen und folgen den von Weierstraß und seinen Schülern eingeführten Methoden.

Wenn sich trotzdem (besonders bei der Einführung des Integralbegriffs) immer noch Schwierigkeiten des Verstehens zeigen, dann hat das seinen Grund vielleicht darin, daß die heute üblichen Definitionen vom Begriff der konvergenten *Folge* ausgehen. Man arbeitet also mit den Eigenschaften gewisser abzählbarer Mengen, um das Verhalten von Mengen der Mächtigkeit des Kontinuums zu beschreiben. Es ist deshalb zu fragen, ob man nicht durch frühzeitige Einführung topologischer Grundbegriffe eine Vereinfachung schaffen kann. Wir wollen zeigen, daß das in der Tat durch Benutzung des Begriffes *Raster*[9] gelingt. Mit einem solchen Hinweis wollen wir einen Beitrag für die Praxis der Schularbeit leisten, zugleich aber deutlich machen, wie die moderne Mathematik die um die Jahrhundertwende noch so störrischen Probleme gelöst hat: Ein Beitrag zur Einsicht in die Bildungsmöglichkeit durch die Beschäftigung mit den Fragen der modernen Mathematik.

3. Der Rasterbegriff in der Infinitesimalrechnung

Wir beginnen mit Erklärungen und Beispielen zur Rastertheorie. Die Bedeutung dieser Begriffsbildungen für die Infinitesimalrechnung wird sich bald herausstellen.

Erklärung 1

Es sei M eine beliebige Menge. Eine Menge $\mathfrak{R}$ von Teilmengen von M heißt ein *Raster*, wenn $\mathfrak{R}$ folgende Eigenschaften hat:

R_1: $\emptyset \notin \mathfrak{R}$
R_2: $\mathfrak{R} \neq \emptyset$
R_3: Ist $A \in \mathfrak{R}$ und $B \in \mathfrak{R}$, so gibt es ein $C \in \mathfrak{R}$, das im Durchschnitt von A und B enthalten ist: $C \subset A \cap B$, $C \in \mathfrak{R}$.

Betrachten wir einige Beispiele[10]:

(A) Es sei M die Menge
$M = \{1,2,3,4,5\}$
und $\mathfrak{R}_1$ die folgende Menge von Teilmengen:
$\mathfrak{R}_1 = \{\{1\}; \{1,2\}; \{1,3,4\}; \{1,4,5\}\}$;

[9] Syn: für *Filterbasis*.
[10] Wir beschränken uns ausdrücklich auf endliche Mengen und Teilmengen von $\mathbb{R}$ (bzw. einer Geraden). Der Rasterbegriff ist natürlich auch auf andere Mengen anwendbar.

weiter sei

$$\mathfrak{R}_2 = \{\{1\}; \{1,3,4\}; \{1,2\}; \{3,4,5\}\}.$$

$\mathfrak{R}_1$ ist offenbar ein Raster auf M, denn die Menge $\{1\}$ ist Teilmenge von allen Durchschnitten von Mengen aus $\mathfrak{R}_1$. $\mathfrak{R}_2$ ist dagegen *kein* Raster, da der Durchschnitt von $\{1,2\}$ und $\{3,4,5\}$ leer ist.

(B) Ein offenes Intervall der reellen Achse

$$]a - q, a + q[= \{x \mid a - q < x < a + q\} \; (q \in \mathbb{Q}, q > 0)$$

heißt eine *Umgebung* der reellen Zahl a. Die Menge aller Umgebungen von a ist offenbar ein Raster. Er heißt der *Umgebungsraster* $\mathfrak{U}(a)$ von a.

(C) Es sei $\langle a_1, a_2, a_3, \ldots \rangle$ eine Folge reeller Zahlen. Die Menge von Mengen

$$\mathfrak{R}_3 = \{r_n\} = \{\{a_{n+1}, a_{n+2}, a_{n+3}, \ldots\}\}$$

bildet dann einen Raster auf $\mathbb{R}$ (aber auch auf der Menge $\{a_1, a_2, a_3, \ldots\}$). Offenbar gilt ja für den Durchschnitt zweier »Reste« r_ν und r_μ:

$$\nu < \mu \Rightarrow r_\nu \subset r_\mu,$$

also

$$r_\nu \cap r_\mu = r_\nu.$$

(D) Die Menge $\mathfrak{R}_4$ der offenen Intervalle

$$\mathfrak{R}_4 = \{] - 1 - \frac{1}{n}; + 1 + \frac{1}{n}[\}, \quad n = 1,2,3, \ldots$$

bildet einen Raster auf $\mathbb{R}$. Auch hier ist der Durchschnitt zweier Elemente des Rasters

$$\mathfrak{J}_\nu \cap \mathfrak{J}_\mu =] - 1 - \frac{1}{\nu}; + 1 + \frac{1}{\nu}[\cap] - 1 - \frac{1}{\mu}; + 1 + \frac{1}{\mu}[$$

gleich dem Element mit der größeren Nummer: $\mathfrak{J}_\nu \cap \mathfrak{J}_\mu = \mathfrak{J}_\nu$ für $\nu > \mu$.

Erklärung 2

Ein Raster $\mathfrak{R}$ heißt *feiner* als ein Raster $\mathfrak{S}$, im Zeichen

$$\mathfrak{R} \lhd \mathfrak{S},$$

wenn es zu jedem $S \in \mathfrak{S}$ ein Element $R \in \mathfrak{R}$ gibt, das in S enthalten ist:

$$\mathfrak{R} \lhd \mathfrak{S} \underset{\text{Def}}{\Leftrightarrow} \bigwedge_{S \in \mathfrak{S}} \bigvee_{R \in \mathfrak{R}} R \subset S.$$

Man sieht sofort, daß diese Relation »feiner« reflexiv und transitiv ist:

(1) $$\bigwedge_{\mathfrak{R}} \mathfrak{R} \lhd \mathfrak{R},$$

(2) $$\mathfrak{R} \lhd \mathfrak{S} \wedge \mathfrak{S} \lhd \mathfrak{T} \Rightarrow \mathfrak{R} \lhd \mathfrak{T}$$

Wir geben einige Beispiele zum »feiner«-Begriff:

(I). Es sei $\mathfrak{R}_5(a)$ die Menge der offenen Intervalle, die den Punkt a der reellen Achse enthalten. Dann ist $\mathfrak{R}_5(a)$ feiner als der Umgebungsraster $\mathfrak{U}(a)$, aber es gilt auch die umgekehrte Aussage:

$$\mathfrak{U}(a) \lhd \mathfrak{R}_5(a).$$

(II). Die Folge $\langle \frac{1}{n} \rangle$ ($n = 1,2,3,\ldots$) konvergiert im Sinne der klassischen Analysis[11] gegen 0. Zu dieser Folge gehört (siehe Beispiel (C)) der Raster der Reste:

$$\mathfrak{R}_3^* = \{\{\frac{1}{n+1}, \frac{1}{n+2}, \ldots\}\}.$$

Dieser Raster $\mathfrak{R}_3^*$ ist feiner als der Umgebungsraster von 0:

(3) $$\mathfrak{R}_3^* \lhd \mathfrak{U}(0).$$

Diese Aussage (3) behauptet doch, daß es eine Nummer n gibt, so daß der »Rest«

$$\{\frac{1}{n+1}, \frac{1}{n+2}, \ldots\}$$

in einem vorgegebenen Intervall $]0 - q, 0 + q[$ enthalten ist. Mit anderen Worten: Zu jedem $q > 0$ gibt es eine Nummer n, so daß

$$\frac{1}{m} < q$$

gilt für jedes $m > n$. Das ist aber genau die Aussage der klassischen Analysis, daß die Folge $\langle \frac{1}{n} \rangle$ gegen 0 konvergiert. In diesem Fall gilt die Umkehrung *nicht*: Der Umgebungsraster $\mathfrak{U}$ (0) ist offenbar *nicht feiner* als der Raster $\mathfrak{R}_3^*$.

(III). Alle Intervalle unseres Beispiels (D) enthalten das Intervall $[-1; +1]$ als Teilmenge. Es gibt deshalb keine reelle Zahl r, für die der Raster $\mathfrak{R}_4$ feiner als der Umgebungsraster $\mathfrak{U}$ (r) wäre.

[11] Näheres in jedem Lehrbuch der Analysis.

Erklärung 3

Ein Raster $\mathfrak{R}$ auf der Menge $\mathbb{R}$ der reellen Zahlen heißt *konvergent gegen die Zahl* $\mathfrak{R}$, wenn r feiner als der Umgebungsraster von r ist. Man schreibt dann

$$\lim \mathfrak{R} = r.$$

Wir können diese Erklärung 3 so formalisieren:

$$(\lim \mathfrak{R} = r) \underset{\text{Def}}{\Leftrightarrow} (\mathfrak{R} \lhd \mathfrak{U}(r)).$$

Nach dieser Definition haben wir z. B.

$$\lim \mathfrak{R}_3^* = \lim \{\{\frac{1}{n+1}, \frac{1}{n+2}, \ldots\}\} = 0.$$

Dem entspricht die »klassische« Formulierung

$$\lim_{n \to \infty} \frac{1}{n} = 0.$$

Allgemein gilt offenbar: Ist $\langle a_n \rangle$ eine im klassischen Sinne gegen a konvergente Folge, gilt also

$$\lim_{n \to \infty} a_n = a,$$

so ist der Raster der Reste[12] $\mathfrak{R}_3$ feiner als $\mathfrak{U}(a)$, d. h. es gilt

$$\lim \mathfrak{R}_3 = \lim \{\{a_{n+1}, a_{n+2}, \ldots\}\} = a.$$

Man beachte aber, daß die durch die *Erklärung 3* festgelegte Konvergenz von Rastern nicht nur auf Restraster anwendbar ist.

4. Anwendung auf das Tangentenproblem

Nach diesen Vorbereitungen wollen wir wieder auf das klassische Tangentenproblem zurückgreifen. Abb. 19 zeigt das Bild einer Funktion

$$f: x \to y = f(x).$$

Im Punkte $x = a$ ist die Tangente an die Kurve eingezeichnet. Das kann man tun, indem man ein Lineal an die Kurve heranschiebt. Aber auf diese Weise ist der Begriff »*Tangente*« noch nicht erfaßt. Man könnte versucht sein zu erklären, daß eine Tangente

[12] Vgl. das Beispiel (C).

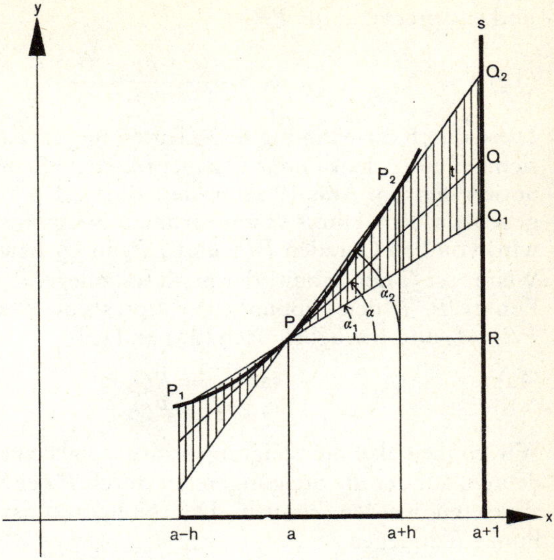

Abb. 19

durch einen Punkt P eine durch P gehende Gerade ist, die mit der Kurve nur diesen einen Punkt gemeinsam hat. Aber man erkennt leicht, daß eine solche Definition unzulänglich wäre: Die Parabel $y = x^2$ hat mit der y-Achse nur einen Punkt gemeinsam, aber trotzdem »berührt« sie diese nicht. Andererseits kann eine in P »berührende« Gerade die Kurve in einem anderen Punkt Q schneiden.

Um eine einwandfreie Definition des Begriffes »Tangente« zu gewinnen, müssen wir von der *Steigung* ausgehen. Die Tangente durch einen Punkt P ist eine durch P gehende Gerade, deren Steigung durch eine besondere Vorschrift festgelegt ist.

Das soll nun mit Hilfe des Rasterbegriffes geschehen. Die Steigung einer Geraden ist ja der Tangens des Winkels, den die Gerade mit der positiven Richtung der x-Achse bildet. Für die *Sekanten* kann man diese Steigung aus den vorgegebenen Funktionswerten in der Umgebung von $x = a$ berechnen. Die Kurvenpunkte P_1 und P_2 seien durch die Koordinaten $(a-h, f(a-h))$, $(a+h, f(a+h))$ (mit $h > 0$) festgelegt. Dann ist die Steigung der Geraden PP_1 bzw. PP_2 leicht zu bestimmen. Man hat für PP_1:

(3a) $$\tan \alpha_1 = \frac{f(a-h) - f(a)}{-h}$$

und entsprechend für PP_2:

$$(3\text{b}) \qquad \tan\alpha_2 = \frac{f(a+h)-f(a)}{h}.$$

Diese durch die Steigung festgelegten reellen Zahlen kann man sich auf einer dem Punkt P zugeordneten »Steigungsordinate« notiert denken. Abb. 19 zeigt diese durch den Punkt $x = a + 1$ gegebene dem Punkt P zugeordnete Steigungsordinate s. Sie wird von den Geraden PP_1 und PP_2 in Q_1 bzw. Q_2 getroffen. Weiter sei Q der Schnitt der noch festzulegenden Tangente im Punkte P, R der Fußpunkt des Lotes von P auf s. Dann ist $PR = 1$, und wir haben nach (3a) und (3b):

$$(4\text{a}) \qquad \tan\alpha_1 = RQ_1,$$
$$(4\text{b}) \qquad \tan\alpha_2 = RQ_2.$$

Wir können also die Steigungsordinate s als eine Zahlengerade deuten, auf der die Steigungen der durch P gehenden Sekanten abgelesen werden können. Der Nullpunkt ist dabei in den Punkt R zu legen.

Denken wir uns jetzt einmal zur Veranschaulichung die Sekanten durch P als ein gerades Drahtstück »materialisiert«. Wenn wir diesen Draht aus der Lage PP_1 in die Lage PP_2 drehen, so überstreicht er den in der Abb. 19 schraffierten Winkel. Er kommt dabei zwischendurch auch in die Lage der Tangente t (die s in Q trifft). Wir können für jede Sekante die Steigung durch einen »Differenzenquotienten«

$$(5) \qquad \frac{f(a+\delta)-f(a)}{\delta} \quad (\delta \neq 0, |\delta| < h)$$

beschreiben, nicht aber die der Tangente, für die ja in (5) für δ Null einzusetzen wäre. Aber das gibt keinen Sinn.

Hier hilft nun das bei den Politikern so beliebte Verfahren weiter, ungelöste Schwierigkeiten »auszuklammern«. Halten wir zunächst fest, daß wir für alle $\delta \neq 0$ den Differenzquotienten (5) bilden können. Das gibt uns Anlaß zu der folgenden

Erklärung 4

Es sei

$$(6) \qquad f\colon x \to y = f(x)$$

eine im Intervall $]u; v[$ der reellen Achse erklärte reellwertige

Funktion, $a \in]u; v[$, $\mathfrak{U}(a)$ der Umgebungsraster von a. Dann heißt die Menge der Mengen

$$(7) \qquad D_{\mathrm{h}} = \left\{ \frac{f(a+\delta) - f(a)}{\delta} \middle| \, |\delta| < h \wedge \delta \neq 0 \right\}$$

der a und f zugeordnete *Richtungsraster* $\mathfrak{S}(a; f)$.

Man erkennt leicht, daß die durch (7) erklärte Menge von Mengen tatsächlich den Charakter eines Rasters hat.

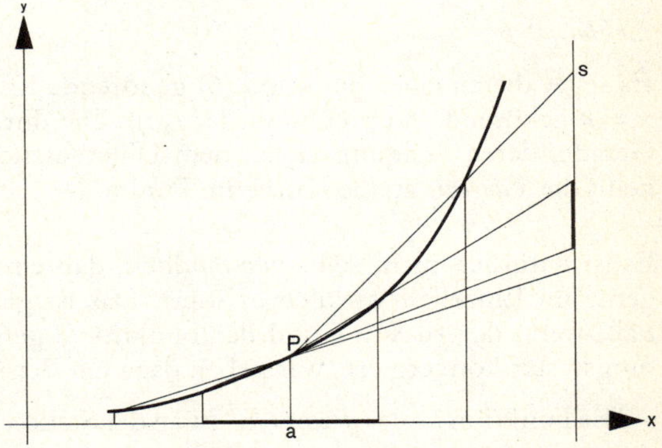

Abb. 20

Abb. 20 soll den Zusammenhang zwischen dem Umgebungsraster von a und dem zu a und der Funktion f gehörenden Richtungsraster $\mathfrak{S}(a; f)$ verdeutlichen.

Die Anschauung lehrt, daß bei einer »vernünftigen« Kurve kleinen Intervallen auf der x-Achse auch entsprechend kleine Intervalle auf der Steigungsordinate entsprechen. Da offenbar in all diesen $]a-\delta; a+\delta[$ entsprechenden Intervallen auf der Steigungsordinate auch der Schnittpunkt der noch festzulegenden Tangente liegen müßte, besteht die Möglichkeit, die noch unbekannte Steigung der Tangente durch den *Richtungsraster* zu definieren. Dazu wird zunächst der Begriff *Differentialquotient* eingeführt:

Erklärung 5

Falls der Richtungsraster $\mathfrak{S}(a; f)$ gegen eine reelle Zahl r konvergiert, so heißt r der *Differentialquotient* von f an der Stelle a. Man schreibt

$$(8)\qquad \left.\frac{\mathrm{d}f}{\mathrm{d}x}\right|_{x=a} = \lim \mathfrak{S}(a;f) = \lim_{h\to 0} \frac{f(a+h)-f(a)}{h}.$$

In diesem Fall heißt f an der Stelle a *differenzierbar*. Ist die Funktion f überall in einem Intervall $]u;v[$ differenzierbar, so heißt die durch

$$(8')\qquad f': x \to f'(x) = \lim \mathfrak{S}(x;f)$$

gegebene Funktion f' die *Ableitung* von f im Intervall $]u;v[$. Den Begriff *Tangente* können wir jetzt so erklären:

Erklärung 6

Es sei K die zu einer Funktion (6) gehörende Kurve, P der zu $x=a$ gehörende Kurvenpunkt $(a;f(a))$. Die durch P gehende Gerade, deren Steigung gleich dem Differentialquotienten ist, heißt die *Tangente* an die Kurve im Punkte P.

Es ist natürlich nicht selbstverständlich, daß eine solche Tangente im Einzelfall wirklich existiert. Das ist genau dann der Fall, wenn der zu $x=a$ und der Funktion f gehörende Richtungsraster konvergiert. Wir geben dazu ein Beispiel:

Die Funktion $f: x \to f(x) = x^2$ ist an der Stelle $x = 1$ differenzierbar.

Hier wird für $\delta > 0$:

$$\frac{f(x+\delta)-f(x)}{\delta} = \frac{x^2+2x\delta+\delta^2-x^2}{\delta} = 2x+\delta,$$

$$\frac{f(x-\delta)-f(x)}{\delta} = 2x-\delta.$$

Also ist in diesem Fall nach (7)

$$D_{\mathrm{h}} =]2x-h;\, 2x+h[,$$

und daraus folgt

$$\left.\frac{\mathrm{d}f}{\mathrm{d}x}\right|_{x=1} = \lim \mathfrak{S}(1,f) = 2.$$

Allgemein hat man an einer beliebigen Stelle a ($a \in \mathbb{R}$):

$$\left.\frac{\mathrm{d}f}{\mathrm{d}x}\right|_{x=a} = \lim \mathfrak{S}(a,f) = 2a.$$

Wir müssen uns versagen, noch weitere Beispiele durchzurechnen. Wer mit der klassischen Limes-Rechnung vertraut ist, wird auch in der Lage sein, die Raster-Methode in anderen Fällen anzuwenden. Die Vorteile liegen auf der Hand: Die Definitionen des Differentialquotienten, aber auch die der Stetigkeit und vor allem die des bestimmten Integrals werden wesentlich einfacher, wenn man den Raster-Begriff benutzt.

Natürlich kann man auch bei der bisher üblichen Methode bleiben und sich auf den Limes-Begriff für Folgen beschränken. Aber dann muß man bei der Definition des Differentialquotienten darauf achten, daß die Existenz des Limes

$$\lim_{h_n \to 0} \frac{f(a+h_n) - f(a)}{h_n} \qquad (h_n \neq 0)$$

für alle Nullfolgen gesichert ist *und daß diese Limites alle gleich sind.* Entsprechende Schwierigkeiten ergeben sich bei der Einführung des bestimmten Integrals.

Die Schulmathematik hat auf dem Gebiet der Analysis in den letzten Jahren wesentliche Fortschritte gemacht. Es finden sich in den meisten Schulbüchern korrekte Definitionen für den Limes, und es werden meist auch die Rechenregeln für die Grenzwerte abgeleitet. Die schwachen Punkte sind heute noch gelegentlich die eben erwähnten Definitionen.

Wir halten es aber für möglich, daß in einigen Jahren auch diese Schwierigkeiten (auf die eine oder andere Weise) überwunden werden und daß dann die Analysis der Funktionen mit einer reellen Veränderlichen gesichertes Arbeitsgebiet der Schulmathematik wird. Dann können die Überschneidungen zwischen Schul- und Hochschulmathematik fallengelassen werden, und die Hochschule könnte mit der Analysis in linearen Vektorräumen anfangen.

Um dieses Ziel zu erreichen, muß sich freilich in der Praxis der Schularbeit noch einiges ändern. Wir haben heute schon mehrere recht brauchbare Schullehrbücher der Analysis. Aber in den Schulklassen wird leider immer noch zu wenig Wert auf eine saubere Fundierung der Begriffe gelegt. Man beschränkt sich darauf, den Kalkül zu exerzieren und Extremalprobleme zu lösen.

Ein sehr beliebtes Anwendungsgebiet der Differentialrechnung ist die Theorie der Extremwerte. Hier kann man viele Aufgaben rechnen, und auch schwächere Schüler begreifen das so einfache Schema: Eine Variable eliminieren, differenzieren, die Ableitung gleich Null setzen.

Leider wird oft übersehen, daß das Verschwinden der Ableitung eine *notwendige, aber keineswegs hinreichende* Bedingung für das Vorliegen eines *relativen* Extremums ist. Das *absolute* Maximum einer Funktion $f(x)$ in einem Intervall $[a; b]$ kann auch in den Endpunkten des Intervalls liegen, und dann braucht dort die Tangente nicht waagerecht zu verlaufen. Es gibt weiter Extremalprobleme, die keine Lösung haben, und andere, für die *jedes* Element der untersuchten Menge die Extremaleigenschaft hat.

Die Theorie der Extremwerte ist deshalb so bedeutsam, weil man hier den Unterschied zwischen einer notwendigen und einer hinreichenden Bedingung gut verdeutlichen kann. Weiter kann die Untersuchung über die Existenz von Extremwerten Beispiele gegen vorschnelle Verallgemeinerungen liefern. Aber alle diese interessanten Möglichkeiten werden verspielt, wenn man nur die Lösung von Extremalaufgaben nach einem bestimmten Schema exerziert.

Wir wollen hier noch drei bemerkenswerte Extremalaufgaben mitteilen, die geeignet sind, das Schema zu überwinden.

Aufgabe 1:

Das Intervall $AB = [0; 1]$ sei in 2^n gleiche Teilintervalle i_n zerlegt. Zu dieser Zerlegung gehört ein Streckenzug S_n (Abb. 21 für $n = 2$); er setzt sich zusammen aus den zum Intervall i_m $(m = 1, 2, 3, \ldots, 2^n)$ parallelen Strecken $A_m B_m$ in der Höhe $(-1)^{m+1} \cdot 2^{-n-1}$ und den dazu senkrechten Strecken AA_1, $B_m A_{m+1}$ $(m = 1, 2, \ldots 2^n - 1)$, $B_{2^n} B$.

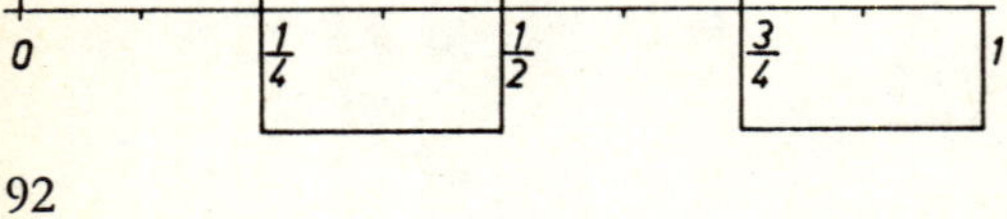

Abb. 21

Gesucht ist die Nummer n, für die die Länge $L(S_n)$ des Streckenzuges zum Maximum wird.

Man erkennt leicht, daß alle Streckenzüge die gleiche Länge 2 haben.

Aufgabe 2:

M ($\triangle$) sei die Menge der Dreiecke $\triangle$ mit folgender Eigenschaft: Eine Ecke A des Dreiecks liegt im Nullpunkt, eine zweite B im Punkt (1 ; 0), die dritte C auf dem Viertelkreis um Null mit dem Radius 1, im 1. Quadranten. Gesucht sind die Extrema für die Ordinate des Höhenschnittpunkts der Dreiecke dieser Menge M ($\triangle$) (Abb. 22).

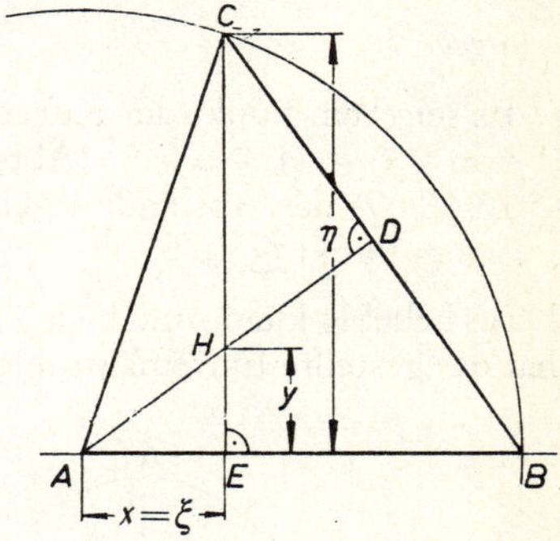

Abb. 22

Der Höhenschnittpunkt H habe die Koordinaten x und y; die von C seien ξ und η. D und E seien die Fußpunkte von h_a und h_c.

Dann sind die Dreiecke AEH und EBC ähnlich, und es gilt

$$\frac{y}{x} = \frac{1-\xi}{\eta}.$$

Weiter ist $x = \xi$ und $\xi^2 + \eta^2 = 1$. Daraus folgt

$$(3) \qquad y = y(\xi) = \frac{1-\xi}{\sqrt{1-\xi^2}} \cdot \xi = \xi \cdot \sqrt{\frac{1-\xi}{1+\xi}}.$$

Gefragt ist nach den Extremwerten der durch (3) definierten Funktion $y = y(\xi)$. Man erkennt durch Differentiation, daß $\xi = -\frac{1}{2} + \frac{1}{2}\sqrt{5}$ *notwendig* ist für das Vorliegen eines relativen Extremums. Wegen $y(0) = y(1) = 0$, $y(\xi) > 0$ für $0 < \xi < 1$ muß diese Stelle ein Maximum sein. Aber die Funktion (3) muß ja als stetige Funktion im Intervall [0; 1] mindestens ein Minimum haben. Offenbar liegen die (absoluten) Minima bei $\xi = 0$ und $\xi = 1$. Die Tangenten an die zu (3) gehörende Kurve (Abb. 23) sind aber nicht waagerecht.

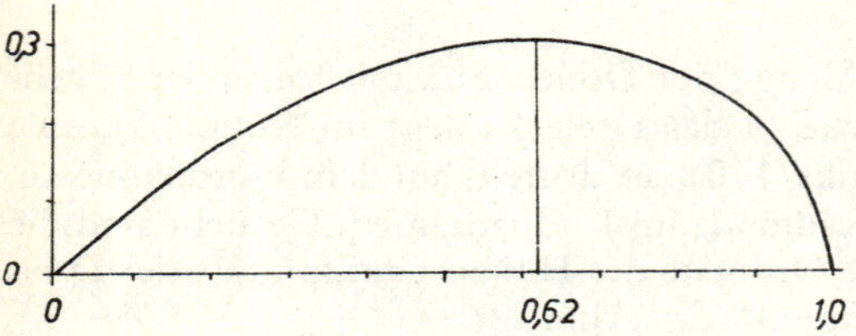

Abb. 23

Aufgabe 3:

Es sei P ein Punkt der Kurve $y = (1 + x^2)^{-1}$, Q ein Punkt von $y = -(1 + x^2)^{-1}$ (Abb. 24). Gesucht sind die Extrema $D(P, Q)$ der Abstände irgendeines Punktes P von irgendeinem Punkt Q.

Da es beliebig kleine und beliebig große Abstände D (P, Q) gibt, hat das gestellte Extremalproblem keine Lösung.

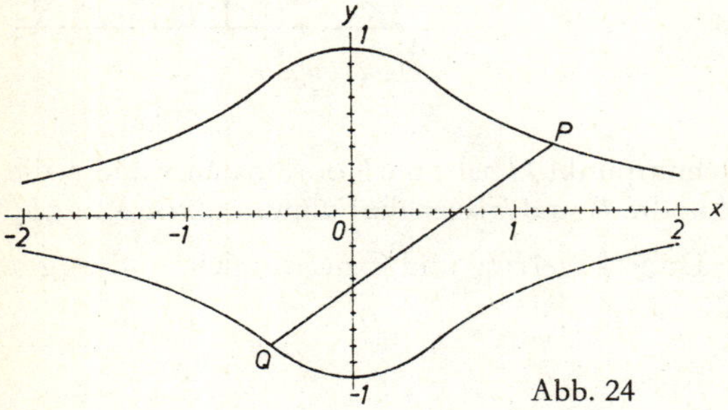

Abb. 24

VI. Die Grenzen wissenschaftlicher Verfahren

> Γνωμοσύνης ἀφανὲς χαλεπώτατόν ἐστι νοῆσαι
> Μέτρον, ὃ δὴ πάντων πείρατα μοῦνον ἔχει.
>
> Solon[1]

1. Unmöglichkeitsaussagen in der modernen Mathematik

Gottfried Martin hat vorgeschlagen[2], die Mathematik der Gegenwart von der der »Neuzeit« zu unterscheiden durch eine von Edmund Husserl gegebene Formulierung. Dieser Schüler von Karl Weierstraß charakterisiert die moderne Mathematik durch den Begriff der »definiten Mannigfaltigkeit«. Ihr Wesen liegt darin[3],

> daß eine endliche Anzahl, gegebenenfalls aus dem Wesen des jeweiligen Gebietes zu schöpfender Begriffe und Sätze die Gesamtheit aller möglichen Gestalten des Gebietes in der Weise rein analytischer Notwendigkeit vollständig und eindeutig bestimmt, so daß also in ihm prinzipiell nichts mehr offen bleibt.

Die »Neuzeit« der Mathematik reicht danach bis ins 19. Jahrhundert, und wir werden die Wende zur »modernen Mathematik« in jener Epoche zu suchen haben, in der die Mathematiker sich bewußt wurden, daß ihre Disziplin die »Wissenschaft von den formalen Systemen« sei. Diese Wandlung des mathematischen Denkens hat aber ihren Grund in der im 19. Jahrhundert gewonnenen Einsicht, daß wissenschaftliche Verfahren Grenzen ihrer Anwendungsmöglichkeiten haben. Vor allem hat die Entdeckung der nichteuklidischen Geometrie zu ernsthaften Untersuchungen über die Möglichkeiten und Grenzen des mathematischen Formalismus geführt. Von dem erregenden Problem, ob man das euklidische Parallelenpostulat beweisen könne, führte die Untersuchung auf die Frage nach der Widerspruchsfreiheit formaler Systeme überhaupt, und die Sätze von Karl Gödel über Probleme der Entscheidbarkeit gelten heute als bedeutsame Sätze einer modernen Erkenntnistheorie[4].

[1] Der Erkenntnis unsichtbares Maß ist am schwersten wahrzunehmen, welches doch die Leitseile aller Dinge hält.

[2] G. Martin, Neuzeit und Gegenwart in der Entwicklung des mathematischen Denkens. Kant-Studien 45, 1953–54, S. 155–165.

[3] E. Husserl, Ideen zu einer reinen Phänomologie und phänomologischen Philosophie. Halle 1913, S. 135.

[4] Vgl. dazu z. B. [38].

Um die Bedeutung dieser neuen mathematischen Denkweise würdigen zu können, muß man wissen, mit welchem Eifer sich die Mathematiker früherer Generationen um die Lösung des Parallelenproblems[5] bemüht haben.

Wolfgang Bólyai, der Freund von Karl Friedrich Gauß und Vater des Entdeckers der nichteuklidischen Geometrie, hatte Jahre seines Lebens dieser Aufgabe gewidmet, und er warnt seinen Sohn in bewegten Worten vor der Beschäftigung mit diesem seit über zwei Jahrtausenden ungelösten Problem[6]:

> Du darfst die Parallelen auf jenem Wege nicht versuchen; ich kenne diesen Weg bis an sein Ende – auch ich habe diese bodenlose Nacht durchmessen, jedes Licht, jede Freude meines Lebens sind in ihr ausgelöscht worden – ich beschwöre dich bei Gott, laß die Lehre von den Parallelen in Frieden. Diese grundlose Finsternis würde vielleicht tausend Newtonsche Riesentürme verschlingen, es wird nie auf Erden hell werden, und das armselige Menschengeschlecht wird nie etwas vollkommen Reines haben, selbst die Geometrie nicht. Ich hatte mir vorgenommen, mich für die Wahrheit aufzuopfern; ich wäre bereit gewesen, zum Märtyrer zu werden, damit ich nur die Geometrie von diesem Makel gereinigt dem menschlichen Geschlecht übergeben könnte. Schauderhafte, riesige Arbeiten habe ich vollbracht, habe bei weitem Besseres geleistet als bisher geleistet wurde, aber keine vollkommene Befriedigung habe ich je gefunden ...
>
> hier aber gilt es: si paullum a summo discessit, vergit ad imum. Ich bin zurückgekehrt, als ich durchschaut habe, daß man den Boden dieser Nacht von der Erde aus nicht erreichen kann, ohne Trost, mich selbst und das ganze menschliche Geschlecht bedauernd.

Und später heißt es:

> Es ist ein unheimliches Schlachtfeld, worauf ich jederzeit geschlagen wurde; eine allem Streben des Forschergeistes trotzende, uneinnehmbare Felsenburg. In dieser Materie ist das ganze Leben nur eine brennende, ins Meer getauchte Fackel. Es ist unbegreiflich, daß diese unabwendbare Dunkelheit, diese ewige Sonnenfinsternis, dieser Makel in der Geometrie

5 Das *Parallelenproblem* ist die Aufgabe, das Euklidische Parallelenpostulat aus den übrigen Axiomen und Postulaten zu beweisen. Vgl. dazu z. B. [35].

6 Zitiert nach Joseph Kopecny, Das berühmte 5. Postulat des Euklid.

zugelassen wurde, diese ewige Wolke an der jungfräulichen Wahrheit.

Wenn ich diese Briefstelle in einer Vorlesung über Grundlagen der Geometrie verlese, liegt jedesmal ein Lächeln über dem Auditorium. Dem Studenten unserer Tage erscheint dieses Pathos des ungarischen Mathematikers komisch.

Es ist wichtig, den Grund für die pathetische Sprache jener Zeit zu verstehen. Für den an der Platonischen Philosophie geschulten Mathematiker waren die Sätze der Geometrie Aussagen über die Welt der Ideen, und das Vorliegen eines wichtigen ungelösten Problems bedeutete, daß der Blick des Forschers für die Welt der absolut gültigen Wahrheiten noch nicht völlig frei war. Nun hat aber gerade die Arbeit des Sohnes Johann Bólyai zu der Einsicht geführt[7], daß das Parallelenproblem nicht gelöst werden *kann*, weil das Parallelenpostulat *unabhängig* ist von den übrigen Axiomen und Postulaten. Es ist auch eine Geometrie denkmöglich (und mit Hilfe von Modellen anschaulich vorstellbar!), in der es durch einen Punkt zu einer Geraden in der Ebene *mindestens zwei* (und damit unendlich viele) Parallelen gibt.

Es wäre töricht, wollte man dieses Ergebnis als ein Fiasko der Forschung deuten. Gewiß: Der seit zwei Jahrtausenden gesuchte Beweis ist nicht gefunden. *Aber man hat bewiesen, daß man ihn nicht finden kann.* Damit ist eine bemerkenswerte Eigenschaft des euklidischen Axiomensystems herausgestellt, und man hat zum erstenmal die Unabhängigkeit eines Axioms (des Parallelenpostulats) von einer Gruppe von Axiomen (den Axiomen der »absoluten Geometrie«) bewiesen. Das ist eine wichtige Einsicht. Sie war Anlaß zu einer Fülle von weiteren Untersuchungen über die Möglichkeiten und Grenzen von Axiomensystemen.

Durch die Untersuchungen über Fragen der Entscheidbarkeit und der Widerspruchsfreiheit ist die Mathematik in einem ganz anderen Sinne zum »Wecker der Erkenntnis« geworden, als es Platon einst gemeint hatte[8]. Mit Recht hat Heinrich Scholz eine grundlegende Arbeit von Gödel eine »Kritik der reinen Vernunft vom Jahre 1931« genannt.

Wir können hinzufügen, daß im 19. Jahrhundert bedeutsame Unmöglichkeitsaussagen in der Theorie der geometrischen Konstruktionen[9] bewiesen wurden. Die wichtigste ist wohl der

[7] Ungefähr gleichzeitig mit dem russischen Mathematiker Nikolai Iwanowitsch Lobatschewsky.

[8] Vgl. dazu z. B. [38], Kap. II.

[9] Siehe dazu z. B. Ludwig Bieberbach, Theorie der geometrischen Konstruktionen. Basel 1952 (Lehrbücher und Monographien aus dem Gebiete der exakten Wissenschaften. Mathematische Reihe 13).

Satz, daß die Zahl π transzendent sei. Daraus folgt, daß es nicht möglich ist, mit Zirkel und Lineal die Seite eines Quadrats zu konstruieren, das einem (durch seinen Radius) gegebenen Kreis inhaltsgleich ist.

Es ist interessant, daß sich bis in unsere Tage hinein Außenseiter der mathematischen Forschung mit den Unmöglichkeitsaussagen der modernen Mathematik nicht zufriedengeben wollen. Sie setzen sich über die (ihnen oft unverständlichen) Beweise für die Nichtbeweisbarkeit (oder die Unlösbarkeit einer Konstruktionsaufgabe) hinweg und plagen die mathematischen Institute oder die Autoren von Büchern mit Briefen. Hier zeigt sich, daß der primitive Optimismus von Faustens Famulus noch nicht tot ist: »Zwar weiß ich viel, doch möcht' ich alles wissen.«

Der disziplinierte Forscher wird sich aber nicht durch seine Wunschbilder über zu erreichende Ziele irremachen lassen. Er ist stets bereit, seine Fragestellungen zu korrigieren. Wenn es nicht gelingt, einen erwünschten Beweis zu erbringen oder eine vorgegebene Konstruktionsaufgabe zu lösen, dann ist die Frage berechtigt, ob man sich um ein unlösbares Problem bemüht hat. Und der Nachweis, daß es so ist, darf dann als ein Ergebnis gewertet werden, das nicht leichter wiegt als die den Erwartungen des Forschers entsprechende Lösung einer Aufgabe. Wir finden deshalb bei modernen Mathematikern nicht mehr das Pathos, mit dem Wolfgang Bólyai von dem ungelösten Parallelenproblem sprach. Wilhelm Blaschke hat einmal die Einsicht, daß ein Axiomensystem zur Lösung eines Problems ungeeignet sei, durch den folgenden Vergleich ins rechte Licht gerückt: »Eine Brettersäge ist zum Rasieren ungeeignet.«

Die Arbeit an den formalen Systemen der Mathematik wird (ebenso wie die Forschung des Naturwissenschaftlers) zu einer Begegnung mit dem Objektiven; sie führt immer wieder zu Einsichten über die Grenzen bestimmter wissenschaftlicher Verfahren, und man darf erwarten, daß solche Erfahrungen den Menschen prägen, daß sie sich auch in solchen Bereichen auswirken, die abseits von der Facharbeit liegen.

Man sollte wünschen, daß überall, wo Mathematik gelehrt wird, diese Möglichkeiten der Wissenschaft von den formalen Systemen voll zur Auswirkung kommen. Das ist nicht ganz selbstverständlich.

Wir leben im Zeitalter des Spezialistentums, und es dürfte heute kaum noch einen Mathematiker geben, der alle Bereiche seines Faches übersieht. Wer Neues herausfinden will, muß sich spezialisieren und zunächst die umfangreiche Literatur über das ausgewählte Spezialgebiet studieren. Wenn er das mit der erforderlichen Gründlichkeit tut und dann versucht, das Wissen über seine Disziplin durch eigene Beiträge zu ergänzen, hat er kaum die Zeit, sich für das Arbeitsgebiet seiner Fachkollegen zu interessieren. Es ist eine der wichtigsten Fragen für den modernen akademischen Unterricht, wie man diese Isolierung der Forschenden überwinden kann.

In den letzten Jahrzehnten ist nun die Metamathematik zu einem wichtigen und recht umfangreichen Sondergebiet der exakten Wissenschaften geworden. Wer sich mit Beweistheorie, mit den philosophisch bedeutsamen Problemen der Entscheidbarkeit und Widerspruchsfreiheit in formalen Systemen befassen will, hat eine umfangreiche Spezialliteratur durchzuarbeiten, ehe er an eigene Beiträge denken kann. Damit sind die bildungswichtigen Grundlagenfragen der Mathematik zu einem »Spezialgebiet« geworden, an dem der mit Differentialgleichungen, Topologie oder Funktionsanalysis befaßte Student vorbeigehen kann, da er ja beim besten Willen nicht über alle Gebiete Bescheid wissen kann.

Vor einiger Zeit wurde die Herausgabe eines mehrbändigen Handbuches der Mathematik durch einen größeren Kreis von Mitarbeitern vorbereitet. Ich machte dabei den Vorschlag, man möge doch auch ein Kapitel über »konstruktive Analysis« aufnehmen[10]. Es stellte sich heraus, daß kaum einer der Anwesenden über dieses junge Spezialgebiet der Mathematik etwas wußte, und der Vorschlag wurde abgelehnt mit der Bemerkung, daß man ein solches Kapitel doch nicht unbedingt in den schon übervollen Band über die Analysis aufnehmen müsse, wenn dieses Gebiet selbst unter Hochschulmathematikern so unbekannt sei.

Wir meinen: Man sollte die Spezialisierung in der modernen Mathematik wenigstens so weit überwinden, daß jeder Student mit den bildungswichtigen Grundlagenfragen seines Faches vertraut wird. Das geschieht am besten durch eine von der geschichtlichen Entwicklung ausgehende Vorlesung. Man kann den modernen Formalismus nur dann richtig verstehen, wenn man über die Entdeckung der nichteuklidischen Geometrie, die Diskussion über die Antinomien der Mengenlehre und das

[10] Die »konstruktive Analysis« ist der Versuch, die Analysis (etwa im Sinne der »Intuitionisten«) ohne allgemeine Existenzaussagen mit Hilfe von »berechenbaren« Funktionen aufzubauen. Es gibt dabei verschiedene Konzeptionen vom Wesen des »Konstruktiven«.

Hilbertsche Programm Bescheid weiß. Und der moderne Student sollte auch über die erkenntnistheoretisch bedeutsamen Versuche zum Beweis der Widerspruchsfreiheit formaler Systeme unterrichtet sein. Er braucht deshalb nicht gleich ein Fachmann für Fragen der Metamathematik zu werden.

Die Hochschulen sollten, um die drohende Isolierung der Forschenden zu verhindern, den Mut zu informierenden Vorlesungen haben. Man darf nicht pfuschen beim Vortrag von Beweisen, aber man kann auf Beweise bei einem Überblick über neuere Forschungsergebnisse ganz verzichten.

Es ist still geworden um die Forderung nach einem »studium generale«. Die Berliner Technische Hochschule ist allerdings zur »Technischen Universität« geworden; sie bietet ihren Studenten Vorlesungen über Sprache und Literatur und verlangt sogar eine Prüfung in den »humanistischen« Fächern. Sehr beliebt ist aber diese Regelung bei den Studierenden nicht. Wir wollen hier die Frage nicht entscheiden, ob eine solche Ausweitung des Studiums für Techniker vernünftig ist. Auf jeden Fall sollte jeder Student über die Grundlagenfragen seines Faches Bescheid wissen. Er findet so einen für ihn natürlichen Zugang zu philosophischen Problemen und gewinnt die Neigung und die Fähigkeit zu einem fruchtbaren Gespräch mit Vertretern anderer Fachrichtungen.

Eine solche Ausweitung des reinen Fachstudiums ist ohne großen Zeitaufwand möglich und deshalb viel leichter zu realisieren als ein »studium generale« mit einem Unterricht über die für den Studenten abseits gelegenen Fachgebiete.

2. Grundlagenprobleme in der Schulmathematik

Wir haben uns bisher in diesem Kapitel ausschließlich mit Bildungsproblemen der Hochschulen beschäftigt. Es ist zu fragen, ob auch schon der Schulunterricht an die Einsicht über die Grenzen wissenschaftlicher Verfahren heranführen kann.

Natürlich kann die Schule nicht Metamathematik treiben, und auch die Beweise für die Unlösbarkeit des Quadraturproblems sind so schwierig, daß die Schule sie nicht bringen kann. Es ist aber möglich, in der Oberstufe einige Beweisversuche für das Parallelenpostulat zu behandeln und darüber hinaus mindestens in Schulen mathematischen Typs auf die Anfangsgründe der nichteuklidischen Geometrie und damit auf den Beweis für die

Nichtbeweisbarkeit des Parallelenproblems einzugehen. Schließlich ist auch ein geschichtlicher Ausblick möglich auf die Fragestellungen um die Wende des 20. Jahrhunderts. Durch die enge Bindung des Unterrichts an die geschichtliche Entwicklung kann er besonders attraktiv gestaltet werden.

In einem Kurs über Grundlagenfragen sollte man auch einige Sätze der »absoluten« Geometrie[11] bringen. In der Schule folgt man ja heute nicht mehr Euklid, und infolgedessen wird schon im Anfangsunterricht mit dem Parallelenaxiom gearbeitet (ohne daß es beim Namen genannt wird). Man beweist z. B. den Satz über die Winkelsumme im Dreieck unter Benutzung der Aussagen über Wechselwinkel an Parallelen und treibt dann später Kongruenzgeometrie, ohne den Nachweis, daß die Kongruenzsätze Aussagen der absoluten Geometrie sind, also ohne das Parallelenaxiom bewiesen werden können.

Zwei der wichtigsten Sätze der »absoluten« Geometrie lernt der Schüler deshalb im Unterricht nicht kennen:

1. Die Winkelsumme im Dreieck ist kleiner oder gleich zwei Rechten[12].
2. Werden zwei sich schneidende Geraden g_1 und g_2 (Schnittpunkt S) von einer dritten (h) geschnitten, so bildet h mit g_1 und g_2 in der durch S bestimmten Halbebene innere Winkel, deren Summe kleiner als zwei Rechte ist.

Dieser zweite Satz (die Umkehrung des euklidischen Parallelenpostulats!) gab den Anlaß zu den zwei Jahrtausende währenden Bemühungen, das Postulat zu beweisen: Weil die Umkehrung ein beweisbarer Satz ist, meinte man, das Postulat selbst müsse auch beweisbar sein. Aus diesem Satz 2. kann man übrigens leicht beweisen, daß es durch einen Punkt zu einer Geraden *mindestens* eine Parallele gibt.

Es ist interessant, die verschiedenen Beweisversuche für das euklidische Postulat auf ihre Fehler hin zu untersuchen. Das ist eine lohnende Aufgabe für die Schule. Sie ist nicht nur deshalb bedeutsam, weil man aus Trugschlüssen immer lernen kann. Die bis in unsere Tage hinein nicht abreißenden Versuche, doch noch den gesuchten Beweis zu finden, machen doch deutlich, wie zäh der Mensch an der überholten klassischen Vorstellung vom Wesen der mathematischen Erkenntnis festhält. Auf diesem

[11] Zur »absoluten« Geometrie gehören die Sätze der euklidischen Geometrie, die ohne Parallelenaxiom beweisbar sind. Sie gelten deshalb auch in der »hyperbolischen« Geometrie.

[12] Ein einfacher Beweis dieses Satzes stammt von Adrien Marie Legendre. Vgl. z. B. [35] und [36].

Hintergrund wird dann die Einsicht besonders eindrucksvoll, daß die Unabhängigkeit des Parallelenpostulats einwandfrei bewiesen werden kann.

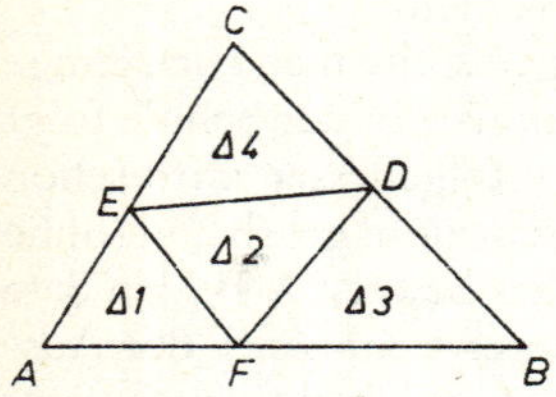

Abb. 25

Bekanntlich folgt aus dem Satz, daß die Winkelsumme im Dreieck gleich zwei Rechten sei, ein Beweis für das Parallelenpostulat. Man muß zu dem Beweis allerdings auch die Gültigkeit des 1. Stetigkeitsaxioms voraussetzen. Deshalb wäre das 5. Postulat auch bewiesen, wenn es gelänge, den Satz über die Winkelsumme ohne eine irgendwo versteckte Anleihe an das Parallelenpostulat zu beweisen.

Man kann den Schülern z. B. die folgende Überlegung vortragen: ABC sei ein beliebiges Dreieck, D, E und F innere Punkte der A, B und C gegenüberliegenden Seiten. Durch die Strecken DE, EF und FD wird das gegebene Dreieck in vier Teildreiecke Δ_ν $(\nu = 1, 2, 3, 4)$ zerlegt (Abb. 25).

Es sei nun W die (vorläufig unbekannte) Winkelsumme im Dreieck, α, β und γ die Winkel im gegebenen Dreieck. Dann ist

$$4W = (\alpha + \beta + \gamma) + 3 \cdot 2R,$$

denn die Dreieckswinkel der Teildreiecke bei D, E und F lassen sich doch zu dreimal zwei Rechten zusammenfassen. Daraus folgt sofort:

$$3W = 6R, W = 2R.$$

Wo steckt der Fehler? Zunächst ist zu bemerken, daß wir tatsächlich an keiner Stelle das Parallelenpostulat benutzt haben. Wohl aber haben wir stillschweigend vorausgesetzt, daß die Winkelsumme *W in allen Dreiecken gleich sei.* Immerhin, wir haben damit bewiesen:

> Wenn in allen Dreiecken die Winkelsumme gleich ist, ist sie gleich zwei Rechten, und es gilt das Parallelenpostulat.

In dem schon mehrfach zitierten Lehrbuch der Geometrie von Michelsen aus dem Jahre 1791 steht das Parallelenpostulat *nicht* unter den »Forderungen«. In diesem Punkt wollte also der Autor Euklid verbessern. Er »beweist« das Postulat mit der Begründung seines Satzes 29:

> Wenn zwey parallele Linien von einer dritten geschnitten werden, so sind die Wechselwinkel gleich.

Die Umkehrung dieses Satzes kann leicht aus dem oben zitierten Satz 2. bewiesen werden. Aus dem Michelsenschen Satz 29 aber würde folgen, daß es durch einen Punkt zu einer Geraden nicht mehr als eine Parallele geben kann. Sein Beweis lautet (in knapper, moderner Darstellung) so (Abb. 26):

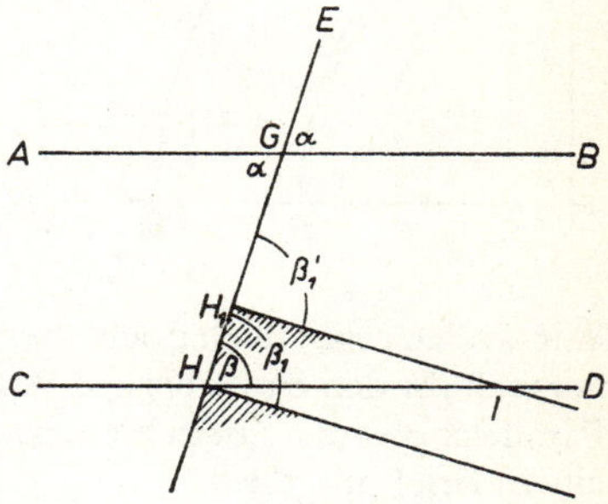

Abb. 26

AB und *CD* seien die Parallelen. Angenommen, der Winkel α bei *G* sei größer als der Winkel β bei *H*. Dann trage man an *GH* in *H* einen Winkel β_1 an (freier Schenkel *b*), der gleich α ist. Verschiebt man den (schraffierten) Supplementwinkel von β_1 etwa nach H_1, ($\beta_1' = \beta_1$), so wird der freie Schenkel von β_1' die Gerade *CD* etwa in *I* treffen. *HI* ist endlich. Bei weiterer Verschiebung bis nach *G* hin bleibt die auf *CD* abgeschnittene Strecke endlich. Bei *G* müßte aber der freie Schenkel des verschobenen Winkels mit *GB* zusammenfallen. Die Annahme, daß $\alpha > \beta$ sei, ist also falsch.

Es ist offensichtlich, daß Michelsen hier Schlüsse gezogen hat, die sich nicht aus den übrigen Axiomen und Postulaten begründen lassen. Das wird auf anschauliche Weise deutlich, wenn man seinen Schluß im Poincaréschen Modell der hyperbolischen Geometrie wiederholt. Dort sind bekanntlich[13] die auf der

[13] Vgl. [35].

x-Achse senkrechten Halbkreise (und Halbgeraden) die »Pseudogeraden«. Die Winkelmessung ist euklidisch.

Abb. 27 zeigt die Michelsensche Figur im Poincaré-Modell. Bei Verschiebung bis H_1 wird (in unserer Zeichnung) der Strahl von β_1' gerade zu HD randparallel. Einer endlichen Verschiebung des Scheitels (von H nach H_1) entspricht eine Verschiebung des Schnitts bis ins Unendliche, bis in den »Grenzpunkt« D.

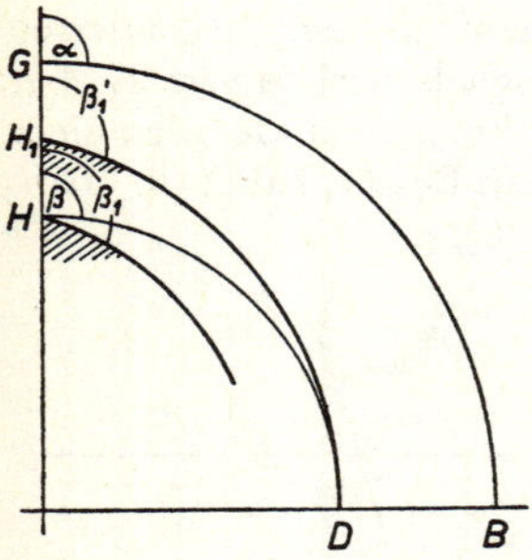

Abb. 27

Wir wollen schließlich noch über einen ganz modernen Beweisversuch für den Satz über die Winkelsumme (und damit für das Parallelenpostulat) berichten. Er wurde mir im Jahre 1964 in einem Brief mitgeteilt.

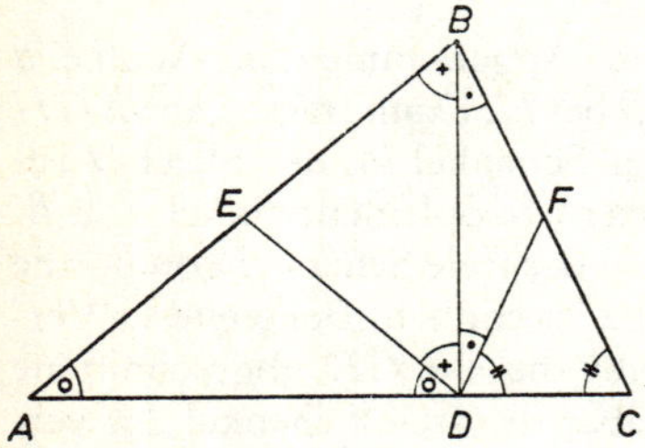

Abb. 28

Es sei (Abb. 28) ABC ein beliebiges Dreieck, D der Fußpunkt des Lotes von B auf AC, E und F die Mittelpunkte von AB bzw. CB. Durch die Strecken BD, DE und DF wird nun das gegebene Dreieck in vier Teildreiecke zerlegt.

Man kann leicht beweisen, daß die Dreiecke AED, EBD, BFD und DFC alle gleichschenklig sind. Darum ist die Summe der innenliegenden Winkel bei A, B und C dem gestreckten Winkel gleich, der auf der Seite AC liegt mit dem Scheitelpunkt in D.

Das ist gewiß richtig. Aber wie beweist man, daß die genannten Dreiecke gleichschenklig sind? Zum Beispiel so: Man fälle das Lot von E auf BD (Fußpunkt G). Dann ist nach dem Strahlensatz $BG = GD$, und daraus folgt (1. Kongruenzsatz!) die Kongruenz von EB und ED.

Aber der Strahlensatz ist nur mit dem Parallelenaxiom zu beweisen! Vielleicht hat der Autor an einen anderen Beweis gedacht? Er sagt nur, daß der Beweis »leicht« sei. Auf jeden Fall wird er auf irgendeine Weise das Parallelenaxiom benutzen.

Es gibt mancherlei andere Beweisversuche für das Parallelenaxiom bzw. für den Satz über die Winkelsumme. Es führt gut in die Problematik des mathematischen Formalismus ein, wenn der Schüler sich darin übt, die axiomatischen Fundamente eines Beweisganges zu analysieren. Die Geschichte des Parallelenaxioms (und eine anschließende Einführung in die nichteuklidische Geometrie) dürfte deshalb ein gutes Thema für mathematische Arbeitsgemeinschaften in der Schule sein.

Oder sollte es gelingen, Untersuchungen dieser Art in den normalen Unterricht einzubauen? Es sprechen gute Gründe dafür. Natürlich kann man (bei festliegender Stundenzahl für den mathematischen Unterricht) den Stoff nicht nach Belieben vermehren. Man wird weniger Wichtiges kürzen müssen (z. B. die logarithmische Berechnung trigonometrischer Größen), um für Problemkreise von grundsätzlicher Bedeutung Raum zu gewinnen.

Durch die »Realisierung« der nichteuklidischen Geometrie in einem (in die euklidische Geometrie »eingebetteten« Modell) wurde die Unabhängigkeit des Parallelenaxioms von den Axiomen der »absoluten« Geometrie nachgewiesen. Dieser Beweis wurde zum Vorbild für Untersuchungen über die Unabhängigkeit anderer Axiomensysteme.

Oft ist der erste Zugang zu einer wissenschaftlichen Einsicht nicht der einfachste: Die Existenz inkommensurabler Strecken wurde durch die Pythagoreer nicht *zuerst* für die Seite und die Diagonale des Quadrats, sondern für die Seite und die Diagonale des regulären Fünfecks nachgewiesen[14].

Der von Max Planck gefundene Zugang zur Quantentheorie über die Hohlraumstrahlung ist keineswegs der einfachste: An

[14] Siehe [22].

der Theorie des Wasserstoffspektrums läßt sich der Grundgedanke der Quantentheorie viel einfacher erläutern.

Und der Nachweis der Unabhängigkeit des Parallelenaxioms von denen der absoluten Geometrie ist nicht gerade schwierig, erfordert aber doch langwierige Deduktionen. Es ist damit zu rechnen, daß er nicht überall im Schulunterricht untergebracht werden kann. Deshalb wollen wir den Hinweis anfügen, daß es im Rahmen der Elementargeometrie andere Unabhängigkeitsbeweise gibt, die weniger Aufwand erfordern.

Klären wir zunächst allgemein, was die »Unabhängigkeit« eines Axioms A von einem System $\mathfrak{S}$ von Axiomen bedeutet.

Ein Axiom heißt unabhängig von einem Axiomensystem $\mathfrak{S}$, wenn aus $\mathfrak{S}$ weder A noch die Negation non A deduziert werden kann.

Der Nachweis der Unabhängigkeit wird so geführt:

Man beweist die Existenz eines Modells $\mathfrak{M}$ von $\mathfrak{S}$, in dem A gilt und die eines zweiten Modells $\mathfrak{M}'$ von $\mathfrak{S}$, in dem non A erfüllt ist.

Man kann nun leicht zeigen, daß das Hilbertsche Kongruenzaxiom III 6 unabhängig von den übrigen Kongruenzaxiomen ist. Dieses Axiom ist die Grundlage für den Beweis des 1. Kongruenzsatzes:

Es seien die beiden Dreiecke ABC und $A'B'C'$ gegeben mit folgenden Kongruenzen:
$AB \equiv A'B'$, $AC \equiv A'C'$, $\sphericalangle BAC \equiv \sphericalangle B'A'C'$.
Dann ist auch $\sphericalangle ABC \equiv \sphericalangle A'B'C'$.

Wir wollen ein Modell angeben, in dem die Kongruenzaxiome III 1—III 5 erfüllt sind, nicht aber III 6. Dazu führen wir in der (x,y)-Ebene eine »Pseudolänge« ein: Es seien A und B die Punkte mit den Koordinaten (x_1,y_1) bzw. (x_2,y_2).

Dann wird die Pseudolänge L_A^B so erklärt:

$$(1) \qquad L_A^B = \sqrt{(x_2 - x_1 + y_2 - y_1)^2 + (y_2 - y_1)^2}.$$

Man rechnet leicht nach, daß die so definierte Pseudolänge additiv ist. Das heißt: Sind A, B und C Punkte einer Geraden und liegt B zwischen A und C, so ist

$$(2) \qquad L_A^C = L_A^B + L_B^C.$$

Um das zu begründen, schreibt man die Gleichung der Geraden in Parameterdarstellung. Es sei etwa

$$x = x_0 + \alpha t, \quad y = y_0 + \beta t,$$

und die Punkte A, B und C seien durch die Parameterwerte t_1, t_2 bzw. t_3 festgelegt. Dann ist nach (1):

$$L_A^B = (t_2 - t_1)\sqrt{(\alpha + \beta)^2 + \beta^2},$$

$$L_B^C = (t_3 - t_2)\sqrt{(\alpha + \beta)^2 + \beta^2},$$

und daraus folgt in der Tat (2).

Wir erklären nun eine Pseudokongruenz:

> Zwei Strecken heißen pseudokongruent, wenn der absolute Betrag ihrer Pseudolängen gleich ist.
> Zwei Winkel heißen pseudokongruent, wenn sie euklidisch kongruent sind.

Aus der Additivität der Pseudolänge folgt dann sofort, daß für die Pseudokongruenz das Axiom III 3 erfüllt ist:

$$\{AB \equiv A'B' \wedge BC \equiv B'C'\} \Rightarrow AC \equiv A'C'.$$

Der Nachweis, daß die Axiome III 1, 2, 4 und 5 gelten, ist trivial. Wir zeigen jetzt durch Angabe eines Gegenbeispiels, daß das Axiom III 6 für unsere Pseudokongruenz nicht gilt. Dazu legen wir die Punkte O, A, B und C durch die Koordinaten $(0; 0)$, $(1; 0)$, $(0; \frac{1}{2}\sqrt{2})$ und $(\frac{1}{2}\sqrt{2}; \frac{1}{2}\sqrt{2})$ fest. Dann ist

$$L_O^A = 1, \quad L_O^B = \sqrt{(0 - 0 + \tfrac{1}{2}\sqrt{2} - 0)^2 + (\tfrac{1}{2}\sqrt{2} - 0)^2} = 1.$$

Wir haben danach

$$OA \equiv OB, \; OC \equiv OC, \; \sphericalangle BOC \equiv \sphericalangle COA.$$

Es ist aber $\sphericalangle OBC = R$, $\sphericalangle OAC < R$. Das Axiom III 6 ist also nicht erfüllt.

3. »Angewandte« Mathematik

Zu Anfang unseres Jahrhunderts wurde die Forderung erhoben, die Schule möge auch in die Probleme der »angewandten« Mathematik einführen, um eine »Gegenwartsnähe« des Unterrichts zu erreichen. Und so tauchten in den Lehrbüchern für die

Oberstufe der Gymnasien Aufgaben aus dem Gebiet der Mechanik, der Elektrizitätslehre und anderer Gebiete der Physik und der Technik auf. Außerdem wurde die Praxis des logarithmischen Rechnens fleißig exerziert.

Wenn ein Lehrer unserer Tage der Vielfalt der Anwendungsmöglichkeiten mathematischer Verfahren im Unterricht gerecht werden wollte, so müßte er die Tatsache berücksichtigen, daß neuerdings auch die Biologen und Mediziner, aber auch die Volkswirtschaftler, die Soziologen, Psychologen und Didaktiker es schätzen, die Ergebnisse ihrer Forschung in der präzisen Sprache mathematischer Formeln und Graphiken darzustellen. Der moderne Lehrer müßte natürlich auch auf die Technik der Rechenautomaten und die Probleme der Programmierung eingehen. Dafür könnte er sich beim Arbeiten mit der Logarithmentafel kürzer fassen als seine Vorgänger, die in den ersten Jahrzehnten unseres Jahrhunderts um »Modernität« des mathematischen Unterrichts bemüht waren.

Aber dieser letzte Hinweis zeigt schon, wie zweifelhaft der Bezug auf die »Praxis« sein kann. Man kann weiter daran erinnern, daß (mindestens bis vor wenigen Jahren) in den Berufsschulen »praktische« Methoden des kaufmännischen Rechnens geübt wurden, die in den modernen Betrieben längst überholt waren. Wer will denn wissen, welche Programmierungsverfahren zu Anfang des 21. Jahrhunderts üblich, welche mathematischen Strukturen zur Lösung der anstehenden Aufgaben von Nutzen sein werden?

Ich weiß nicht, von wem die These stammt: »Es gibt nichts Praktischeres als eine gute Theorie.« Der Satz ist jedenfalls von jemandem geprägt worden, der etwas von Problemen der technischen Forschung verstand. In der Tat: Das Wichtigste, was ein Ingenieur oder ein Physiker zur mathematischen Bewältigung seiner Fragestellungen braucht, ist eine gediegene Kenntnis der verschiedenartigen mathematischen Strukturen und eine überlegene Unbefangenheit, um im gegebenen Fall das dem Problem angemessene Verfahren anwenden zu können. Das ist wichtiger als das Exerzieren ganz bestimmter Methoden, die gestern und vorgestern noch von Nutzen waren.

Natürlich ist es geboten, die Anwendbarkeit der Mathematik wieder und wieder in einzelnen (möglichst verschiedenartigen) *Beispielen* zu verdeutlichen. Dabei sollte man sich nicht auf jene Gebiete der Physik beschränken, in denen die Beschreibung von Beobachtungen durch elementare Funktionen möglich ist. Man sollte in den Schulen und Hochschulen auch auf solche Fälle eingehen, in denen die »Mathematisierung« der Fragestellungen nicht trivial ist.

Einfache Beispiele dafür bietet schon die Wahrscheinlichkeitsrechnung. Wir nennen zunächst das *Bertrandsche Problem:*

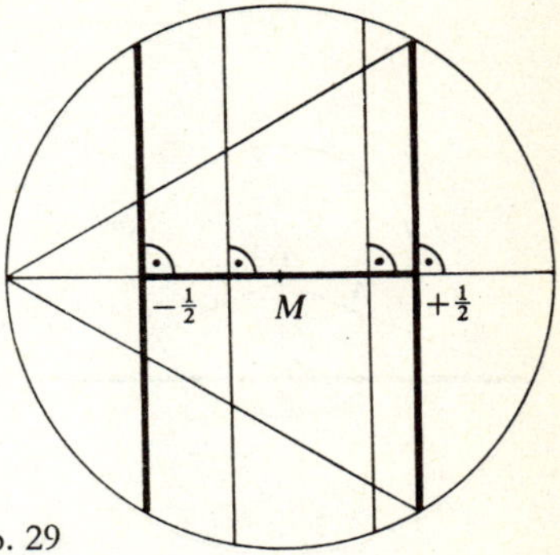

Abb. 29

In einem Kreis wird »auf gut Glück« eine Sehne gezogen (Abb. 29). Wie groß ist die Wahrscheinlichkeit dafür, daß sie größer ist als die Seite des einbeschriebenen gleichseitigen Dreiecks? Hier bieten sich mehrere Lösungen an. Wir wollen nur zwei diskutieren.

a) Aus Symmetriegründen ist die Richtung der gezeichneten Sehne gewiß gleichgültig. Geben wir also einen Durchmesser vor und betrachten wir nur solche Sehnen, die darauf senkrecht stehen. Es sei unser Durchmesser die Achse eines Koordinatensystems mit dem Nullpunkt im Mittelpunkt M des Kreises (mit dem Radius 1).

   Die Sehnen (senkrecht zur Achse), die zwischen $-\frac{1}{2}$ und $+\frac{1}{2}$ die Achse schneiden, sind länger als die Seite des einbeschriebenen gleichseitigen Dreiecks. Die Länge dieser Strecke $-\frac{1}{2}$, $+\frac{1}{2}$ ist 1, die des Durchmessers 2. Deshalb ist die gesuchte Wahrscheinlichkeit $w = \frac{1}{2}$.

b) Wir fragen nach dem Ort des Mittelpunktes A der Sehne. Die Seite des gleichseitigen Dreiecks hat vom Mittelpunkt des Kreises den Abstand $\frac{1}{2}$. Der Mittelpunkt einer Sehne mit einem kleineren Abstand muß also im Innern eines Kreises vom Radius $\frac{1}{2}$ liegen (Abb. 30). Da aber alle Punkte im Innern des Kreises vom Radius 1 als Mittelpunkte für Sehnen möglich sind, können wir die gesuchte Wahrscheinlichkeit mit Hilfe der Flächeninhalte der Kreise für die Mittelpunkte ermessen und kommen so auf $w = \frac{1}{4}$.

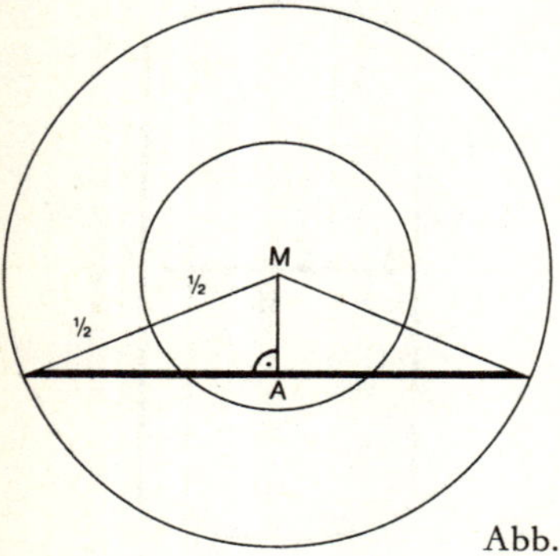

Abb. 30

Diese Paradoxie löst sich auf durch die Bemerkung, daß in beiden Fällen verschiedene Vorstellungen von »gleicher Wahrscheinlichkeit« zugrunde gelegt wurden. Im Fall a) ist das Zeichnen der Sehne senkrecht zu irgendwelchen Stücken des Durchmessers von gleicher Länge als »gleich wahrscheinlich« vorausgesetzt. Im Fall b) teilt man die Ebene in sehr kleine, gleich große Quadrate auf, zählt die »möglichen« und die »günstigen« Verteilungen des Mittelpunktes ab und kommt durch einen Grenzprozeß zu der Formel $w = \frac{1}{4}$.

Noch bedeutsamer für die Wahrscheinlichkeitstheorie sind die Überlegungen der Physiker über die Grundlagen von statistischen Verfahren. Statistische Untersuchungen über die Verteilung der Geschwindigkeiten auf die Atome eines Gases oder der Energie eines Systems auf die möglichen Stufen werden meist durch Modellversuche beschrieben. Man geht davon aus, daß eine gewisse Anzahl n von »Teilchen« auf N »Zellen« zu verteilen ist. Die klassische (von Ludwig Boltzmann begründete) Statistik geht dabei immer von der Voraussetzung aus, daß je zwei Verteilungen der individuell gegebenen Teilchen auf die Zellen gleich wahrscheinlich sind. Die moderne Physik sieht aber gute Gründe für die Annahme, daß eine Unterscheidung individueller Objekte für Elektronen oder Lichtquanten gar nicht möglich ist. Die Bose-Statistik sieht deshalb von den »Individuen« völlig ab und sieht einen »Zustand« als ausreichend an, wenn ausgesagt wird, wie viele der n Teilchen in jeder der N Zellen liegen. Irgend zwei »Zustände« sollen als gleich wahrscheinlich gelten. Abb. 31 zeigt die möglichen Verteilungen von zwei Teilchen auf drei Zellen in den Statistiken von Boltzmann und Bose.

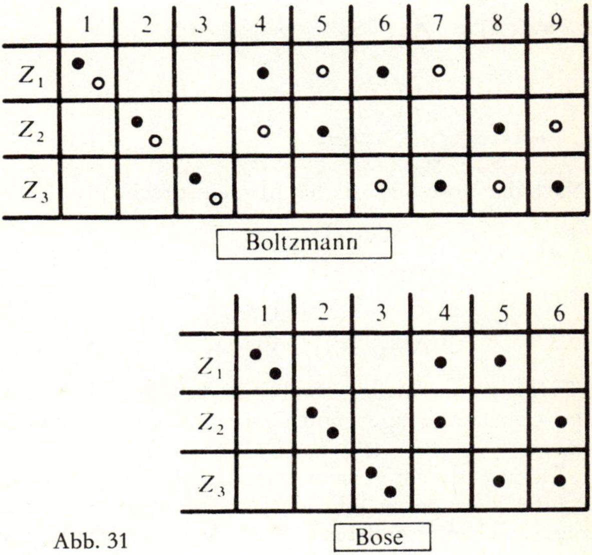

Abb. 31

In der klassischen (Boltzmannschen) Statistik werden die einzelnen Individuen unterschieden (hier: ein voller »Punkt« und ein »Ring« als Symbol für die beiden Teilchen). Es gibt $3^2 = 9$ Möglichkeiten, die zwei Teilchen auf 3 Zellen zu verteilen. In der Bose-Statistik entfallen die »individuellen« Unterscheidungen. Die Fälle 4 und 5, 6 und 7, 8 und 9 der klassischen Statistik fallen zusammen: Es gibt 6 mögliche (und als »gleich wahrscheinlich« angesetzte) Verteilungen. Es liegt nun nahe, Probleme wie die folgenden zu untersuchen: Gegeben seien n Teilchen, die auf N Zellen ($N = n$) zu verteilen sind.

(A) Wie groß ist die Wahrscheinlichkeit dafür, daß sich in n fest gewählten Zellen je ein Teilchen befindet?

(B) Wie groß ist die Wahrscheinlichkeit dafür, daß sich in irgend n Zellen genau ein Teilchen befindet?

Natürlich hängt die Lösung dieser Aufgabe davon ab, welche der beiden statistischen Konzeptionen wir zugrunde legen.

Wir wollen uns darauf beschränken, die Ergebnisse ohne Beweis mitzuteilen. Legt man die klassische Boltzmannsche Statistik zugrunde, so erhält man als Antwort auf die Fragen (A) und (B):

$$w_{\mathrm{Bn}}(\mathrm{A}) = \frac{n!}{N},$$

$$w_{\mathrm{Bn}}(\mathrm{B}) = \frac{n!\binom{N}{n}}{N^n}.$$

Nach der Bose-Statistik hat man entsprechend:

$$w_{\mathrm{Bo}}(\mathrm{A}) = \frac{n!\,(N-1)!}{(n+N-1)!},$$

$$w_{\mathrm{Bo}}(\mathrm{B}) = \frac{N!\,(N-1)!}{(N+n-1)!\,(N-n)!}.$$

Wichtig ist uns an dieser Stelle nur die Einsicht, daß die Lösung der gestellten Fragen von dem statistischen Grundansatz abhängt.

Es mag berechtigt sein, beim (»ehrlichen«!) Spiel mit einem Würfel jeder der möglichen sechs Zahlen die gleiche Chance zuzusprechen. In anderen Fällen kann eine solche Voraussetzung zweifelhaft sein.

Dieses letzte Beispiel macht besonders deutlich, daß an der »Nahtstelle« zwischen Mathematik und Umwelt Probleme aufauftauchen, die nicht einfach aus den Einsichten der »reinen« Mathematik zu lösen sind. Ob die Anwendung der Boltzmann- oder der Bose-Statistik angemessen ist, kann nur der *Praktiker* entscheiden. In der Atomphysik, vor allem aber in den vielen neuen Anwendungsbereichen der Mathematik (Soziologie, Kybernetik usw.) ist die Frage nicht immer so einfach zu beantworten, welche Strukturen im gegebenen Fall anzuwenden sind.

Man muß auch mit der Möglichkeit rechnen, daß manche Fragestellungen (der Psychologie, der politischen Wissenschaften usw.) zur Beschreibung durch mathematische Strukturen überhaupt nicht geeignet sind. Die Abwendung mathematischer

Begriffsbildungen um jeden Preis führt in solchen Fällen zu grotesken Ergebnissen. Wir können z. B. keinen Sinn darin sehen, wenn man das »Wohlergehen« einer Partei in einem Koordinatensystem darstellt, ohne daß man ein Verfahren angegeben hat, um dieses »Wohlergehen« durch reelle Zahlen zu messen. Es wäre nicht schwer, aus der modernen gesellschaftswissenschaftlichen Literatur Beispiele für eine gewaltsame und ungesicherte »Mathematisierung« zusammenzustellen.

Natürlich ist es vernünftig, wenn man statistische Untersuchungen mit mathematischen Methoden durchführt und etwa Korrelationskoeffizienten für Meßreihen berechnet. Aber schon die heute bei den »Futurologen« so beliebte *Extrapolation* von graphischen Darstellungen von wirtschaftlichen Daten zu einer Prognose für die nächsten Jahre hat nur Sinn, wenn man sich über die Unsicherheit aller solcher Verfahren klar ist. Wir müssen uns freimachen von der Vorstellung, daß eine wissenschaftliche Arbeit schon deshalb gut ist, weil in ihr mathematische Formeln vorkommen. Der mathematische Unterricht in Schulen und Hochschulen sollte zu der Einsicht führen, daß an der »Nahtstelle« zwischen Mathematik und Praxis gewichtige Probleme stecken. Einstein hat einmal diese Einsicht so überspitzt:

> Insofern sich die Sätze der Geometrie auf die Wirklichkeit beziehen, sind sie nicht sicher, und insofern sie sicher sind, beziehen sie sich nicht auf die Wirklichkeit.

Dieser Satz macht deutlich, daß schon die Anwendung der Geometrie auf die Messungen im Weltraum problematisch ist.

Noch bedenklicher sind die Bemühungen, den sogenannten »Geisteswissenschaften« durch Einführung mathematischer Methoden neuen Glanz zu verleihen. Man mag die Anwendung mathematischer Strukturen überall da versuchen, wo es von der Sache her zu verantworten ist. Es gibt aber Bereiche, die sich der »Mathematisierung« entziehen. Als Beleg für diese Auffassung wollen wir Felix Klein zitieren. Er hat zu den Bemühungen, aus der pädagogischen Kunst eine »Erziehungswissenschaft« zu machen, dies gesagt[15]:

> Soll ich mich im allgemeinen Sinne über Pädagogik äußern, so will ich folgende Betrachtung vorausschicken: Man kann das pädagogische Problem mathematisch formulieren, indem

[15] F. Klein, Über Aufgabe und Methode des Mathematischen Unterrichts an Universitäten. Der 1898 in Düsseldorf gehaltene Vortrag ist veröffentlicht in: Jahresberichte der Deutschen Math.-Vereinigung, Bd. 7, 1899; S. 133.

man die individuellen Qualitäten des Lehrers und seiner Schüler als ebensoviele Unbekannte einführt und nun verlangt, eine Funktion von $(n+1)$ Variablen

$$F(x_0, x_1, \ldots, x_n)$$

unter gegebenen Nebenbedingungen zu einem Maximum zu machen. Ließe sich das Problem eines Tages entsprechend den bis dahin realisierten Fortschritten der psychologischen Wissenschaft direkt mathematisch behandeln, so wäre die (praktische) Pädagogik von da eine Wissenschaft, – solange das aber nicht der Fall ist, muß sie als Kunst gelten.

Das ist ein sehr freundlicher Satz über die Pädagogik, aber es ist möglich, daß ihn die Erziehungswissenschaftler nicht zu würdigen wissen.

VII. Heuristik

> Ein mäßiger Schüler der Maschinenbauschule weiß mehr von der Natur und ihren Gesetzen, als derzeit Descartes und Pascal wußten. Ist er aber des geistigen Aufschwungs der Großen fähig?
>
> Antoine de Saint-Exupéry

1. Das Lösen von Problemen

Der mathematische Unterricht in unseren Schulen aller Gattungen ist beherrscht von der Spannung zwischen den Konzeptionen der Pädagogen und denen der Fachleute. Wer »vom Kinde her« denkt, wird anschauliche Methoden wünschen, auf Strenge der Beweise verzichten und den Gang des Unterrichts dem der geschichtlichen Entwicklung angleichen wollen.

Der von den Ideen der modernen Mathematik begeisterte junge Lehrer dagegen wird versuchen, möglichst viel von dem auf der Hochschule Gelernten in der Schule anzubringen. Mit Rücksicht auf die Bildungsaufgabe des mathematischen Unterrichts im industriellen Zeitalter sind wir geneigt, den Tatendrang solcher jungen Lehrer nicht zu hemmen. Natürlich: Er wird früh genug erfahren, daß nicht alle Schüler seiner Begeisterung folgen, und er wird lernen, mit den Realitäten einer Schulklasse fertig zu werden. Aber wir können einfach nicht darauf verzichten, die moderne mathematische Denkweise zur Grundlage der Schularbeit zu machen. Das sollte auch die Unterrichtsweise unserer Grundschulen beeinflussen.

Die moderne Mathematik ist aber das Ergebnis einer Jahrtausende währenden Entwicklung. Die strenge Axiomatik ist dem naiv denkenden Schüler zunächst fremd, und er muß auf eine pädagogisch vernünftige Weise an die ihm neue Welt herangeführt werden. An eine »Eigentätigkeit« des Schülers ist erst dann zu denken, wenn ihm die neue Denkweise vertraut geworden ist. Aber auch dann bleibt nicht viel Zeit zum Lösen von Problemen: Die Zahl der Unterrichtsstunden für die Mathematik ist – in Schulen aller Typen – nur allzu bescheiden. Der Stoff aber ist im Laufe der letzten Jahrzehnte gewaltig angewachsen. Und viele Vorschläge (auch die meisten dieser Schrift) zur Verbesserung des mathematischen Unterrichts laufen doch darauf hinaus, daß man irgend etwas Neues in der Schule einführt, was bisher nicht Gegenstand des Unterrichts war. Oder wenn angeregt wird, die bisher behandelten Gebiete besser wissenschaftlich zu fundieren (z. B. die Infinitesimalrechnung), so kostet das auch wieder Zeit.

Natürlich kann dafür manches vom alten Bestand beiseite gelassen werden, aber im ganzen hat doch der um einen modernen Unterricht bemühte Lehrer weit mehr Stoff zu erarbeiten als sein Kollege vor 100 Jahren. Damals war etwa nach Behandlung der Kongruenzsätze und einiger anderer elementargeometrischer Fakten viel Zeit für Dreieckskonstruktionen. Das war ein weites Feld für eine Eigentätigkeit des Schülers. Wir Älteren denken noch mit Freude an jenes Gebiet im Geometrieunterricht unserer Schulzeit zurück. In Summa: *Der Einzug von »Bourbaki« in die Schulen hat zur Folge, daß viel »gelernt« werden muß; es könnte sein, daß zur Eigentätigkeit wenig Gelegenheit bleibt.*

Natürlich kann man auch in einem modernen Unterricht Raum schaffen für die Intuition des Schülers. Es scheint aber nicht verkehrt, wenn auf diese Notwendigkeit immer wieder hingewiesen wird. Dabei geht es nicht um die Aufgabe, Genies heranzubilden. Die Zielsetzung des Schulunterrichts darf bescheidener sein. Denken wir einfach an die Vielfalt der Anwendungen der Mathematik in unserer modernen Gesellschaft! Es gibt heute so viele Bereiche der Technik, der Wirtschaft und der Wissenschaft, in denen die »Wissenschaft von den formalen Systemen« angewandt wird, daß man sich zerreißen müßte, wollte man all diesen Anwendungsbereichen im Schulunterricht Hilfestellung leisten. Das ist schon deshalb unmöglich, weil in unserer schnellebigen Zeit die technischen Verfahren rasch verändert werden und die Schule von heute gar nicht wissen kann, welche »Anwendungen« der Mathematik in 20 Jahren gefragt sind. Es bleiben der Schule zwei Aufgaben:

1. *Gute Fundamente zu liefern.* (Es gibt nichts Praktischeres als eine gute Theorie!)
2. *Die Fähigkeit zur Anwendung der formalen Systeme und Kalküle auf praktische Fragestellungen in Exempeln deutlich zu machen.*

Es genügt nicht, wenn der Schüler den Kalkül beherrscht und ganz bestimmte Gruppen von Aufgaben zu lösen gelernt hat. Er muß ein gewisses Maß an Selbständigkeit im Umgang mit den »formalen Systemen« erreichen.

In letzter Zeit sind manche Arbeiten erschienen, die sich mit den Problemen der Heuristik befassen[1]. Es wird der Versuch gemacht, System in das Lösen mathematischer Probleme zu bringen und durch Ratschläge die Fähigkeit des Schülers zu steigern, Beweise zu führen und Aufgaben zu lösen, die von dem Schema bisher bekannter Fragestellungen abweichen.

Die hier gegebenen Hilfen lassen sich in zwei Gruppen teilen. Wir finden allgemeine Regeln über den Umgang mit Problemen, die aus dem Bereich der volkstümlichen Spruchweisheit stammen und nicht nur für die Lösung mathematischer Aufgaben anwendbar sind. Es gibt weiter spezielle Vorschläge für den Umgang mit mathematischen Problemen, die aus der Weisheit erfahrener Lehrer stammen.

Zur ersten Gruppe gehören etwa Empfehlungen wie diese:

1. Beharrlichkeit führt zum Ziel.
2. Wer eine Leiter hinaufsteigen will, muß bei der untersten Stufe anfangen.
3. Wo der Zaun am niedrigsten ist, steigt man über.
4. Wer langsam fährt, kommt auch zum Ziel.
5. Handle nie gegen Dein Gefühl, jedoch suche klare »rationale« Gründe, welche für oder gegen Deine gefühlsmäßige Auffassung sprechen, unbefangen wahrzunehmen!

Pólya (bei dem diese 5 Regeln notiert sind) bezeichnet den Satz Nr. 5 als das »Prinzip der Rationalität«. Wir meinen: Da man in der mathematischen Forschung oft auf Paradoxien stößt, erscheint es nicht immer geraten, allzu fest auf sein »Gefühl« zu vertrauen[2].

Da können die »speziellen Empfehlungen« weiterhelfen, die wir in ähnlicher Form bei allen Autoren über heuristische Fragen finden:

a) Mache Dir eine sorgfältige, übersichtliche Figur!

Dieser Rat (Weinacht) wird nicht nur für die Lösung geometrischer Probleme gegeben; auch bei anderen Aufgaben ist es nützlich, »sich den Inhalt an Hand von *sinnfälligen Skizzen* über

[1] Z. B. die Arbeiten von Franz Denk, Werner Hartkopf, Georg Pólya und Josef Hermann Weinacht im Literaturverzeichnis!

[2] Pólya fügt auch hinzu, daß seine Regel »nicht pedantisch, sondern mit Takt und Einsicht zu befolgen ist«. (Der Mathematikunterricht 1964, 10, 1, S. 8.)

alle Einzelheiten und Vorgänge der Reihe nach klarzumachen und lebendig einzuprägen[3]«.

b) Ermittle eingehend, was gegeben und gesucht ist; unterstreiche deshalb jedes wesentliche Wort im Aufgabentext!
c) Wie kann man das Ergebnis von verwandten Aufgaben prinzipiell oder formal verwerten? Können wir bei der Lösung (der gegebenen Aufgabe) analog vorgehen?

Es ist zu fragen, wie weit die hier gegebenen (allgemeinen und speziellen) Empfehlungen weiterhelfen können. Sie sind sicher geeignet, wenn es darum geht, elementargeometrische Aufgaben zu lösen. Gerade bei Dreieckskonstruktionen kann der Hinweis auf »ähnliche« Probleme nützen[4]. Auch die von Denk als Beispiel behandelte[5] »Übersetzung« einer eingekleideten Textaufgabe in den formalen Kalkül kann gelingen, wenn der Schüler die Regeln der »Heuristik« beachtet.

Wir halten es auch für möglich, daß eine intelligente und durch die Ratschläge der Heuristiker angeregte Schulklasse Erfolg hat bei dem Versuch, das berühmte »Königsberger Brükkenproblem« zu lösen:

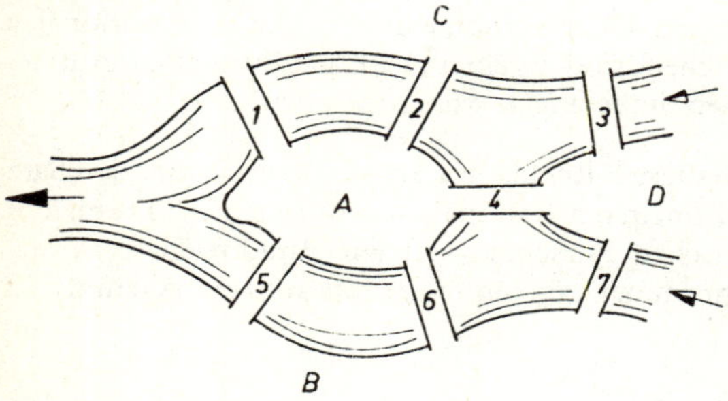

Abb. 32

Über den Pregel führten (zu Eulers Zeiten) 7 Brücken. Ist es möglich, sie alle nacheinander zu überschreiten, ohne über eine von ihnen mehr als einmal zu gehen? (Abb. 32).

Die Brücken verbinden eine Insel (*A*) mit dem linken und rechten Flußufer (*B* und *C*) und das Gebiet (*D*) zwischen den beiden Armen des Oberlaufs.

[3] [69], S. 4.
[4] Die von Weinacht gegebenen »Prinzipien zur Lösung mathematischer Probleme« beziehen sich vorwiegend auf geometrische Probleme, die für eine Eigentätigkeit der Schüler besonders geeignet sind. Der moderne Unterricht gibt aber diesen Fragestellungen nicht mehr viel Raum.
[5] Denk a. a. O.

Wenn man der »Empfehlung« folgt und genau nach den »Voraussetzungen« fragt, *kann* einem deutlich werden, daß die spezielle Gestalt der Landgebiete A, B, C und D unwesentlich ist. Man kann sie durch Punkte ersetzen und die Brücken durch Strecken oder Kurven, die die Punkte A, B, C und D verbinden (Abb. 33).

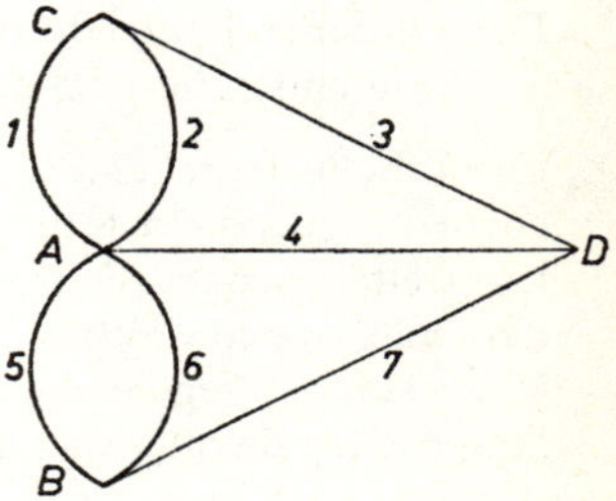

Abb. 33

Ist es möglich, die Figur der Abb. 33 von einem der Punkte A, B, C oder D aus in einem Zug zu durchlaufen?

Wenn der Schüler bis zu dieser Formulierung des (von Leonhard Euler gelösten) Problems gekommen ist, kann er auch noch auf die Eulersche Antwort kommen: Es geht *nicht*, weil von jedem der Punkte A, B, C und D eine ungerade Anzahl von Wegen ausgehen.

In diesem Fall gelang die Lösung der gestellten Aufgabe durch eine neue Formulierung, die das Wesentliche an der Aufgabenstellung besser deutlich machte. Nicht immer kommt man so einfach zum Ziel.

Pólya gibt als ein Beispiel der heuristischen Lenkung eine Diskussion des isoperimetrischen Problems[6] in eingekleideter Form[7]:

> In jenen sagenhaften Pionierzeiten, als Land im Überfluß vorhanden, sonst aber alles sehr knapp war, hatte ein Mann im mittleren Westen der Vereinigten Staaten Hunderte von Morgen flachen Graslandes, aber nur 100 m Stacheldraht. Mit diesem Draht wollte er ein Stück seines Landes einzäunen. Er dachte an verschiedene Flächenformen und fragte sich, wie groß die eingezäunte Fläche sein werde.

[6] Vgl. dazu S. 50f.

[7] Der Mathematikunterricht 1964, 10, 1, S. 81.

Die Schüler werden aufgefordert, geeignete Flächenformen vorzuschlagen. Man notiert die genannten Flächen, und der zu dem gegebenen Umfang gehörende Inhalt wird berechnet. Die vorläufige »Lösung« ist dann eine Tabelle, die vom Kreis (795 qm) über das reguläre Sechseck, Halbkreis, Quadrat usw. bis zu einem Rechteck mit den Seiten 40 und 10 führt.

»Habt Ihr dazu Fragen?«

Der Lehrer soll nun »durch behutsam provozierende Fragen« u. a. zu folgenden Feststellungen gelangen:

> Die Tabelle deutet darauf hin, daß von allen umfangsgleichen ebenen Figuren der Kreis den größten Flächeninhalt hat. Sie legt weiterhin nahe, daß von allen umfangsgleichen Vierecken das Quadrat den größten Flächeninhalt hat, . . . , daß von allen Vielecken mit gegebener Seitenzahl und von gegebenem Umfang das regelmäßige *n*-Eck den größten Flächeninhalt hat.

Wir halten es für durchaus möglich, daß dieses der Eigentätigkeit der Schüler gesetzte Ziel erreicht wird. Aber es ist unwahrscheinlich, daß die Schüler so einen einwandfreien *Beweis* für die isoperimetrische Eigenschaft des Kreises herausfinden. Es ist nicht einmal anzunehmen, daß sie (ohne sehr wesentliche Nachhilfe) das Steinersche Viergelenkverfahren (S. 54ff.) neu entdecken.

Damit wird klar, daß alle heuristischen Hilfen immer nur zu relativ leicht erreichbaren Zielen führen können. Der Rat, genau auf die »Voraussetzung« und die »Behauptung« zu sehen, eine Figur zu zeichnen und nach ähnlichen, bereits gelösten Aufgaben Ausschau zu halten, wird im allgemeinen nur dazu führen, daß der Schüler solche Aufgaben zu erledigen lernt, die den bereits behandelten verwandt sind.

Kann man erwarten, daß ein Schüler etwas (für ihn!) völlig Neues herausfindet? Und gibt es heuristische Empfehlungen, die eine solche Eigentätigkeit fördern könnten?

Denken wir etwa an die bekannte Anekdote vom siebenjährigen Gauß, der bei einer Routine-Aufgabe in der Schule die Summenformel für $\sum_{1}^{n} \nu$ herausfand.

Man wird einwenden, daß wir die gestellten Fragen mit diesem Hinweis schon beantwortet haben. Gauß war eben ein Genie, und unsere Schüler sind es (mit verschwindenden Ausnahmen) nicht. Der mit den Realitäten vertraute Lehrer wird deshalb zufrieden sein, wenn er die Klasse so weit fördern kann, daß sie »Ähnliches« mit Erfolg angreift und nicht vor jeder Textaufgabe resigniert: »Das haben wir noch nicht gehabt!«

2. Erziehung zur Selbsttätigkeit?

Wir meinen: Damit ist das Letzte zu den hier gestellten Fragen noch nicht gesagt. Die Schule muß heute – davon war schon in anderem Zusammenhang die Rede – ein neues Verhältnis zu den Anwendungen gewinnen. Die Möglichkeit, mathematische Strukturen zu verwenden, ist in unseren Tagen (und erst recht in der Zukunft!) so vielfältig, daß man darauf verzichten muß, im Schulunterricht auf einzelne Verfahren vorzubereiten. Was die *Schule* leisten kann, ist die Ausbildung der Fähigkeit, mathematische Strukturen im Bereich der Physik und der Technik, aber auch der Biologie und der Wirtschaft zu erkennen und ihre Gesetzlichkeiten nutzbringend zur Lösung praktischer Probleme anzuwenden. Dazu bedarf es aber der schöpferischen Phantasie und der unbefangenen Bereitschaft, an neue Fragestellungen mit neuen Methoden heranzugehen. Wenn in der Schule aber immer nur *gelernt* wird, wenn nur nach dem gefragt wird, was man »gehabt« hat, kann solche freie geistige Arbeit nicht gedeihen.

Wem der Hinweis auf die praktische Bedeutung der Mathematik nicht genehm ist, der kann natürlich auch aus den Bedürfnissen der rein mathematischen Forschung die Forderung ableiten, daß der Schüler zu *eigenem Denken* anzuregen sei.

Aber kann man solche Eigentätigkeit überhaupt fördern? Liegt es nicht gerade im Wesen des Schöpferischen, daß Einmaliges gedacht wird? Man kann zu korrektem Arbeiten anregen, kann Analogieschlüsse nahelegen, aber man kann nicht durch heuristische Empfehlungen Genies schaffen.

Darum soll es auch nicht gehen. Es erscheint aber notwendig, daß den *Schülern (in Schulen und Hochschulen) gelegentlich solche Aufgaben gestellt werden, bei denen die üblichen Ratschläge der Heuristiker gerade nicht anwendbar sind*, bei denen also der Rückgriff auf das schon Gehabte (oder gar das eben Durchgenommene) entfällt. Es sollen keine Probleme sein, bei denen nur ein wirklich genialer Einfall helfen kann (den unter Millionen höchstens einer haben könnte).

Aus der Lösung solcher Aufgaben kann man im allgemeinen keine Regeln zur Lösung anderer Probleme gewinnen; aber der erfolgreiche Umgang mit diesen Fragestellungen kann den Mut wecken, auch andere Probleme durch eigenes Denken zu lösen. Solch fröhlicher Optimismus ist eine wichtige (wohl notwendige, aber nicht immer hinreichende) Voraussetzung zu eigener Forschungsarbeit.

Wir geben einige Beispiele zunächst solcher Aufgaben, die ohne Aufwand von mathematischem Kalkül zu lösen sind. Sie können dazu dienen, die Bereitschaft zu eigenem Denken zu wecken.

3. Aufgaben

[1] Parkettierung

Abb. 34a zeigt ein System von $36 - 2 = 34$ Quadraten. Kann man dieses Quadratnetz durch 17 »Parkettstäbe« von der Form 34b zudecken?

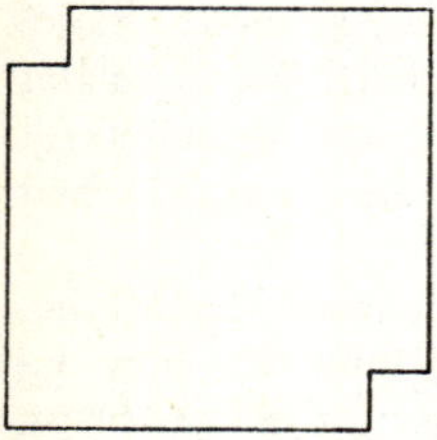

Abb. 34a

Abb. 34b

[2] Das Orakel

In einem Tempel sitzen drei Götter: der Gott der Wahrheit, der Gott der Lüge und der Gott der Diplomatie. Der Gott der Wahrheit lügt nie, der der Lüge immer. Der Gott der Diplomatie sagt manchmal die Wahrheit, und manchmal lügt er.

Zu diesem Tempel kommen die Gläubigen mit ihren Fragen. Die Priester des Tempels nur wissen, welcher von den Dreien der Gott der W., der der L. und der der D. ist.

Sokrates kommt in den Tempel und stellt drei Fragen an die Götter, die so nebeneinandersitzen:

A *B* *C*

Er fragt den Gott *A*: Wer sitzt neben dir? Antwort: »Der Gott der Wahrheit.«

Er fragt *B*: Wer bist du? »Der Gott der Diplomatie.«
Er fragt *C*: Welcher Gott sitzt neben dir? »Der Gott der Lüge.«
Welcher Gott ist *A*, *B*, *C*?

[3] Verteilungsaufgabe

Ein in der Wüste Hungernder wird von zwei Wanderern *A* und *B* gefunden. *A* hat fünf Brote, *B* drei. Sie teilen ihren Vorrat mit dem Hungernden zu gleichen Teilen. Dieser gibt ihnen beim Abschied (»Für das, was Ihr mir gabt!«) 8 Goldstücke. Wie sind sie zu verteilen *A* fordert: 5:3. *B* schlägt vor: 4:4. Sie gehen zum Kadi. Wie entscheidet er?

[4] Am Kreuzweg

Sokrates steht am Kreuzweg. Ein Weg führt nach Athen, einer nach Sparta. Er weiß nicht welcher. An der Kreuzung stehen zwei Brüder, von denen einer immer lügt, einer immer die Wahrheit sagt. Beide wissen über die Wege Bescheid.
S. stellt *eine* Frage an einen der Brüder und weiß dann Bescheid. Was fragt er?

[5] Die Weingläser

Von zwei gleichartigen Weingläsern ist eines mit Weißwein, das andere gleich hoch mit Rotwein gefüllt. Man entnehme dem Weißweinglas einen Teelöffel voll und mische ihn in den Rotwein. Dann nehme man aus dem Gemisch einen Teelöffel voll zurück. Ist jetzt in dem Weißweinglas mehr Rotwein als in dem Rotweinglas Weißwein? Oder ist es umgekehrt? Oder ist in jedem Glas gleich viel von der »fremden« Substanz?

Wenn ich Autor eines Schulbuches wäre, würde ich solche Probleme unter die Aufgabensammlung verstreuen[8]. Ohne System. Es muß doch schön sein und kann auch den Unterricht beleben, wenn man mitten unter den vielen Beispielen (Schulbücher haben immer viele Beispiele der gleichen Art; muß das sein?) über quadratische Gleichungen *Sokrates am Scheidewege* vorfindet. Zugegeben: Diese Aufgaben passen nicht ins System. Aber gerade darin scheint mir ihr Wert zu liegen. Der Schüler hat zunächst keine Ahnung, welches »Verfahren« er anwenden soll.

[8] Durch andere Drucktypen vom übrigen Text abgesetzt.

Und er wird (vielleicht!) herausfinden, daß er durch Nachdenken (durchprüfen aller Möglichkeiten in der Orakelaufgabe z. B.) zum Ziel kommt.

Natürlich ist es zweckmäßig, wenn auch solche Aufgaben gestellt werden, die ein gewisses Maß an Umgang mit dem mathematischen Kalkül erfordern. Sie sollten aber nicht (oder wenigstens nicht nur) als unmittelbare »Anwendungen« eines bestimmten Verfahrens auftreten. Man verstreue sie unter die Probleme der »Oberstufe«. Wir wollen auch dafür einige Beispiele geben.

[6] Die harmonische Reihe

Die Reihe

$$1 + \tfrac{1}{2} + \tfrac{1}{3} + \tfrac{1}{4} + \ldots$$

ist bekanntlich divergent. Ihre Teilsummen

$$= 1 + \tfrac{1}{2} + \tfrac{1}{3} + \ldots + \tfrac{1}{n}$$

überschreiten alle Grenzen. Welches ist die kleinste ganze Zahl m, für die (für irgendein $n > 1$) $s_n = m$ ganz ist?

[7] Die abessinische Bauernmethode

Die Multiplikation natürlicher Zahlen $a \cdot b$ (Beispiel: $21 \cdot 13$) kann nach einem sehr alten Verfahren[9] so erledigt werden: Man dividiere a fortgesetzt durch 2 (unter Vernachlässigung des Restes!) und schreibe die Teiler (bis zur Zahl 1) untereinander; daneben notiere man das Doppelte, Vierfache usw. des 2. Faktors. In unserem Beispiel:

(1)

21	13
~~10~~	~~26~~
5	52
~~2~~	~~104~~
1	208
	273

bzw. umgekehrt:

13	21
~~6~~	~~42~~
3	84
1	168
	273

»Gerade Zahlen bringen Unglück« (sagen die abessinischen Bauern). Also streiche man alle die Zeilen, in denen in der

[9] Es wird manchmal als »abessinische«, dann wieder als russische Bauernmethode bezeichnet.

1. Spalte eine gerade Zahl steht. Addiert man die verbleibenden Zahlen der 2. Spalte, so erhält man $a \cdot b$. (In unserem Beispiel wäre die Zeile mit 10 und 2 zu streichen. Man addiert also $13 + 52 + 208 = 273$.)

Warum führt das Verfahren zu richtigen Ergebnissen?

[8] Wägungsaufgabe

Gegeben seien 100 Säcke mit Fünfmarkstücken, die je 5 g wiegen. Einer der Säcke enthält nur falsche Stücke, die je 4 g wiegen. Vorhanden ist eine auf 1 g genau wiegende Waage. Wie kann man durch *eine* Wägung feststellen, in welchem Sack das falsche Geld steckt?

Wir widerstehen der Versuchung, noch weitere Aufgaben dieser Art mitzuteilen. Es gibt ja mancherlei Literatur über solche »Logeleien«[10].

Man kann durch die Beschäftigung mit Aufgaben der hier genannten Art natürlich keine mathematischen Genies heranbilden. Wohl aber kann man erreichen, daß der Schüler mit fröhlicher Unbefangenheit an ihm unbekannte Probleme herangeht und den Versuch macht, gelegentlich eigene Wege zu gehen. Vielleicht kann man dem jungen Forscher noch einige Erfahrungen mitgeben, die die Literatur über Heuristik (soweit wir sehen) nicht verzeichnet.

Es soll begnadete Mathematiker gegeben haben, die sich einen Tag lang vergebens mit einer Frage herumschlugen und dann nachts im Traum die Lösung sahen. Solche freundlichen Traumerlebnisse kann man nicht herbeizaubern. Wohl aber wird jeder Forscher gelegentlich die Erfahrung machen, daß ihm die Lösung eines Problems unversehens einfällt, um die er sich tagelang vergebens bemüht hat: Nach einer gut durchschlafenen Nacht, bei einem geruhsamen Spaziergang. Man sollte den Anfängern in der Forschung von solchen tröstlichen Erfahrungen berichten, damit sie den Mut finden, sich von dem Grübeln über ein Problem loszureißen, das man »mit Gewalt« nicht lösen kann.

[10] Als »Logeleien« brachte die ›Zeit‹ längere Zeit hindurch Aufgaben dieser Art von »Zweistein«. Dort waren auch die hier unter den Nrn. [1] und [5] notierten Probleme veröffentlicht; sie sind aber schon länger bekannt.

[1] Nein. Zur Begründung denke man sich die Quadrate des Netzes (etwa rechts oben beginnend) nach der Art eines Schachbretts abwechselnd schwarz und weiß gefärbt. Es gibt dann 18 schwarze, aber nur 16 weiße Felder (die beiden abgeschnittenen Felder links oben und rechts unten hätten die Farbe weiß bekommen!) Färbt man den »Parkettstab« Abb. 34b entsprechend schwarz-weiß, so ist klar, daß man mit 17 solchen Stäben niemals die Figur auslegen kann: Man hätte dann ja 17 schwarze und 17 weiße Felder.

[2] *B* ist nicht Gott der Wahrheit (sonst würde er es sagen). *A* auch nicht (sonst wäre seine Aussage falsch). Also: *C* ist der Gott der Wahrheit. Nach seiner Aussage ist *B* der Gott der Lüge (er hat ja auch gelogen) und *A* dann der Gott der Diplomatie.

[3] Jeder ißt $2\frac{2}{3}$ Brote. *A* gibt also $\frac{7}{3}$, *B* nur $\frac{1}{3}$ Brot ab. Deshalb ist die gerechte Verteilung 7 : 1.

[4] »Würde Ihr Herr Bruder die Frage bejahen, daß dieser Weg nach Athen führt?« Lautet die Antwort ja, so ist das der Weg nach Sparta. Denn: Hat er den Lügner gefragt, so würde dieser ja die richtige Antwort des Wahrheitsbruders falsch wiedergeben. Hat er den *W*-Bruder gefragt, so würde der die (falsche!) Antwort des Bruders richtig wiedergeben. In jedem Fall . . .

Wir geben noch eine andere Lösung. Man fragt: »Hätten Sie gestern gesagt, daß dieser Weg nach Athen führt?« Bei einem »ja« ist es der Weg nach Athen, bei einem »nein« der nach Sparta.

[5] Man denke sich nach der Panscherei den »Fremdstoff« aus jedem Glas entfernt (und etwa in einem Likörglas aufbewahrt). Nehmen wir an, im *W*-Glas wäre mehr *R*-Wein als umgekehrt. Dann hätte das dem *W*-Glas zugeordnete Likörglas einen größeren Inhalt als das andere, und umgekehrt wäre der Spiegel der Flüssigkeit im *W*-Glas (nach Entnahme) niedriger als im *R*-Glas. Gießt man jetzt den Rotwein zurück ins *R*-Glas und entsprechend den Weißwein ins *W*-Glas, so müßte im *W*-Glas mehr Flüssigkeit sein als im *R*-Glas. Da aber die Mengen zu Anfang gleich waren, ist das ein Widerspruch. Entsprechend führt die entgegengesetzte Annahme auf einen Widerspruch. Also sind die Fremdmengen gleich.

[6] Es gibt keine solche Zahl m. – Es sei 2^k die höchste Potenz von 2, die in der Folge $1, 2, 3, \ldots, n$ vorkommt. Addiert man jetzt die Brüche der Teilsumme s_n, so erhält man einen Bruch,

der das kleinste gemeinsame Vielfache N der Zahlen $1, 2, 3, \ldots, n$ zum Nenner hat. Er enthält den Primfaktor 2 genau k mal. Alle beim Erweitern von $1, \frac{1}{2}, \frac{1}{3}, \frac{1}{4}, \ldots$ auf den Hauptnenner N entstehenden Zähler sind dann gerade bis auf einen: Der Bruch $\frac{1}{2^n}$ erhält beim Erweitern einen *ungeraden* Zähler. Im Zähler von s_n steht also eine *ungerade* Zahl. Der Nenner ist *gerade*, und dieser Bruch kann nie eine ganze Zahl darstellen.

[7] Man schreibe die Zahl a im Dualsystem

(2) $$a = \delta_0 \cdot 2^0 + \delta_1 \cdot 2^1 + \ldots + \delta_n \cdot 2^n.$$

Die Ziffern δ_ν sind dabei 0 oder 1. Für $a \cdot b$ hat man dann

$$a \cdot b = \delta_0 \cdot b + \delta_1 \cdot 2b + \delta_2 \cdot 4b + \ldots + \delta_n \cdot 2^n b.$$

Das ist eine Summe von der Form, wie sie in der 2. Spalte von (1) steht. Es ist nur zu zeigen, daß δ genau dann 0 ist, wenn in der 1. Spalte von (1) eine gerade Zahl steht. Diese Zahlen der 1. Spalte sind a, $a_1 = \left[\frac{a}{2}\right]$, $a_2 = \left[\frac{a_1}{2}\right]$ usf.[11]. Nun ist doch wegen (2)

$$a_1 = \left[\frac{a}{2}\right] = \delta_1 \cdot 2^0 + \delta_2 \cdot 2^1 + \ldots + \delta_n \cdot 2^{n-1}.$$

a_1 ist also genau dann gerade, wenn $\delta_1 = 0$ ist. Das Entsprechende gilt für $a_2, a_3 \ldots$

[8] Die Säcke seien numeriert. Man entnimmt dem Sack mit der Nummer n genau n Münzen. Insgesamt also

$$\tfrac{1}{2} \cdot 100 \cdot 101 = 50 \cdot 101 = 5050.$$

Wären sie alle echt, so hätten sie das Gewicht 25250 g. Aus dem Sack mit der Nummer m sind aber m falsche entnommen, die m g weniger wiegen. Aus dem wirklichen Gewicht w der Münzen hat man dann

$$25250 - w = m,$$

die Nummer des Sackes mit dem Falschgeld.

[11] $[x]$ ist die größte ganze Zahl, die nicht größer als x ist.

> In der Analysis nennt man einer Linie a unbestimmtes Stück x, das andere nicht y wie im gemeinen Leben, sondern a–x. Daher hat die mathematische Sprache so große Vorzüge vor der gemeinen. Lichtenberg[1]

1. Der Informationsgehalt

Wenn man die Summanden eines Polynoms von der Form

$$(1) \qquad P(x_1, x_2, \ldots, x_k) = \Sigma\, A\, x_1^{\alpha_1} x_2^{\alpha_2} \ldots x_k^{\alpha_k}$$

ordnen will, kann man z. B. das *lexikographische Verfahren* benutzen. Dabei achtet man zuerst auf den Exponenten von x_1 und rangiert $\mathrm{I} = A x_1^{\alpha_1} x_2^{\alpha_2} \ldots x_k^{\alpha_k}$ vor $\mathrm{II} = B x_1^{\beta_1} x_2^{\beta_2} \ldots x_k^{\beta_k}$, wenn $\alpha_1 > \beta_1$ ist. Haben zwei Summanden den *gleichen* Exponenten $\alpha_1 = \beta_1$, so entscheidet der Exponent von x_2 die Ordnung; $\mathrm{III} = C x_1^{\alpha_1} x_2^{\alpha_2} \ldots x_k^{\beta_k}$ steht vor $\mathrm{IV} = D x_1^{\alpha_1} x_2^{\beta_2} \ldots x_k^{\beta_k}$, wenn $\alpha_2 > \beta_2$ ist. Bei gleichen Exponenten von x_1 und x_2 wird die Ordnung entsprechend durch den Exponenten von x_3 bestimmt, usf. Man kann aber auch zunächst nach der *Dimension* der Summanden vorordnen. Die Dimension d von $A x_1^{\alpha_1} x_2^{\alpha_2} \ldots x_k^{\alpha_k}$ ist definiert durch

$$d = \alpha_1 + \alpha_2 + \ldots + \alpha_k.$$

Die Waring-Gaußsche Ordnung ist dann durch folgende Vorschrift gegeben: Die Summanden von (1) werden zunächst nach ihrer *Dimension* geordnet. Bei gleicher Dimension steht ein Summand A vor einem Summanden B, wenn er bei der lexikographischen Ordnung vor B steht. Nach dieser Vorschrift ist z. B. das Polynom

$$2x_1^4 x_2 x_3 x_4 + 3x_1^4 x_3 + x_1 x_2^4 x_3^{10} - 4x_2^3 x_3^8$$

lexikographisch geordnet; will man es nach Waring-Gauß ordnen, so muß man schreiben

$$x_1 x_2^4 x_3^{10} - 4x_2^3 x_3^8 + 2x_1^4 x_2 x_3 x_4 + 3x_1^4 x_3.$$

Man wird uns nicht vorwerfen, daß wir bei der Beschreibung der beiden Ordnungen besonders weitschweifend verfahren seien. Es geht aber noch kürzer:

[1] Zitiert aus: Georg Christoph Lichtenberg, Gedankenbücher, Frankfurt 1963 (Exempla classica 82), S. 14.

Bei der lexikographischen (bzw. Waring-Gaußschen) Ordnung der Polynome (1) steht I $= Ax_1^{\alpha_1}x_2^{\alpha_2} \ldots x_k^{\alpha_k}$ vor II $= Bx_1^{\beta_1}x_2^{\beta_2} \ldots x_k^{\beta_k}$, wenn die erste nicht verschwindende Differenz

(2) $\qquad \alpha_1 - \beta_1, \alpha_2 - \beta_2, \ldots, \alpha_k - \beta_k$

bzw.

(2') $\qquad (\alpha_1 + \alpha_2 + \ldots + \alpha_k) - (\beta_1 + \beta_2 + \ldots + \beta_k),$
$\qquad \alpha_1 - \beta_1, \ldots, \alpha_k - \beta_k$

positiv ist.

Diese Definitionen geben ein schönes Beispiel für die vom Mathematiker immer wieder geübte Kunst, mit wenig Worten viel zu sagen.

Daß die Formalsprache des Mathematikers sehr konzentrierte Information darstellt, wird einem sofort deutlich, wenn man einmal den Versuch unternimmt, die Aussage einer einfachen Differentialgleichung wie

$$y''(x) - 2xy'(x) + 2\alpha \cdot y(x) = 0$$

ohne Symbole in die Umgangssprache zu übertragen.

Unsere Bemerkungen über die Ordnung von Polynomen machen aber klar, daß der Mathematiker zu konzentrierter Aussage auch dann fähig ist, wenn er die Umgangssprache benutzt.

Deshalb gibt der mathematische Unterricht eine gute Möglichkeit, die Präzision des Ausdrucks zu schulen: Alles Wesentliche muß gesagt werden, aber man soll dafür kein Wort mehr verwenden, als nötig ist. Es gibt mancherlei Gelegenheiten im mathematischen Unterricht, solche Disziplin der Sprache zu üben. Wir nennen als ein Beispiel die Beschreibung von Dreieckskonstruktionen.

Betrachten wir die Aufgabe:

Ein Dreieck zu zeichnen aus[2] $c = 7{,}5$ cm, $\beta = 57°$, $s_a = 8{,}2$ cm.

Es könnte sein, daß ein Schüler die folgende »Beschreibung« der Konstruktion liefert:

Man zeichne $AB = c$ und trage an c den Winkel β an. Dann nehme man den Zirkel und zeichne um A einen Kreis, der den freien Schenkel von β in D schneidet. Man verdopple nun DB, und $\triangle\ ABC$ ist das verlangte.

[2] Die »Mittellinie« s_a verbindet A mit der Mitte der gegenüberliegenden Seite BC.

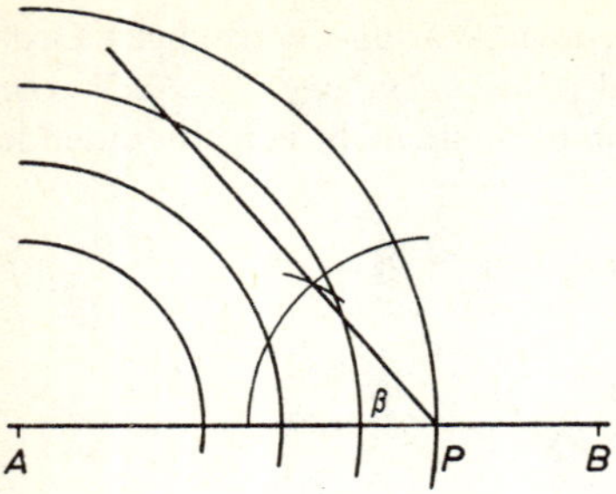

Abb. 35

Es ist nützlich, die sprachlichen Unzulänglichkeiten dieser Darstellung durch eine Zeichnung (Abb. 35) zu verdeutlichen.

Der Winkel β wird an AB angetragen, es wird aber nicht gesagt, in welchem Punkt. Warum nicht in A? Oder in P? Dann wird ein Kreis um A gezeichnet. Es ist nicht nötig zu sagen, daß man dazu den Zirkel nimmt. Aber man muß doch angeben, welchen Radius dieser Kreis haben soll. Schließlich ist auch die Aussage »man verdopple DB« nicht eindeutig, und es ist nicht gesagt, welcher Punkt C heißt.

Wenn der Schüler lernt, durch solche Beschreibung von Konstruktionen sich knapp, aber präzis auszudrücken, so ist damit ein wichtiger Beitrag zur Schulung seines Stils geleistet. In der modernen industriellen Gesellschaft gibt es mancherlei Darstellungsformen, die Kürze und Genauigkeit des Ausdrucks verlangen: Protokolle über wissenschaftliche Versuche, Berichte über politische Vereinbarungen usw. Der Deutsch-Unterricht in unseren Schulen zeigt anscheinend nur wenig Neigung, diese in unserer Zeit so wichtigen Stilformen zu üben. Der Germanist hat es mit der Geschichte der Sprache zu tun, ihn interessiert die Dichtung, und er ist deshalb oft versucht, die Schüler in ihren Aufsätzen zur Analyse einer Dichtung oder gar zu eigenen poetischen Versuchen (»Herbststimmung im Park«) anzuregen. Die anderen, für Wissenschaft, Politik und Wirtschaft bedeutsamen Stilformen werden (von manchen Lehrern) weniger wichtig genommen. Hier hat der mathematische (und der naturwissenschaftliche) Unterricht die wichtige Aufgabe, die Sprachdisziplin des Schülers zu fördern.

Wir sprachen eingangs von der »konzentrierten Information« durch die Aussagen der mathematischen Formalsprache. Es ist der Erwähnung wert, daß eine der jüngsten Disziplinen der angewandten Mathematik sich mit der exakten Bestimmung von

»Informationsgehalten« in Kunst- und Umgangssprachen befaßt. Eine Einführung in die mathematischen Grundlagen der Informationstheorie findet man in der ›Wahrscheinlichkeitsrechnung‹ von Alfred Rényi, einen Bericht über die Anwendung dieser Theorie auf die verschiedensten Bereiche der Naturwissenschaften und der Philologie in den Aufsätzen des von Helmar Frank herausgegebenen Sammelbandes ›Kybernetik – Brücke zwischen den Wissenschaften‹.

2. Die Bedeutung des Wortes in den exakten Wissenschaften

Mit dem Hinweis auf den hohen »Informationsgehalt« der naturwissenschaftlichen Aussagen ist der Unterschied im Sprachgebrauch der Natur- und Geisteswissenschaften[3] noch nicht hinreichend beschrieben.

Bei einem Staatsexamen in Mathematik wurde der Kandidat in der Theorie der Filter geprüft. Es war ausführlich die Rede von Filtern, Filter-Basen und Bourbaki-Filtern. Der Vorsitzende der Kommission, ein Altphilologe, konnte natürlich nicht folgen, aber er hatte doch gewisse Assoziationen, wenn von »Filtern« die Rede war, und er fragte den Prüfling, warum denn die Dinge, von denen hier gesprochen wurde, ausgerechnet »Filter« hießen. Der Student war ahnungslos. Er hatte sich diese Frage nie gestellt. Er wußte, daß eine Menge von Mengen unter gewissen Voraussetzungen Filter hieß; er kannte die Eigenschaften dieser »Filter«, aber er brachte sie nicht in Beziehung zum Kaffeefilter oder zum Filter eines Wasserwerks. Der prüfende Professor war allerdings in der Lage, die gewünschte Aufklärung zu geben, und so konnten der Prüfling und der Vorsitzende in diesem Examen etwas dazulernen.

Ein Geisteswissenschaftler mag es barbarisch finden, daß der Student der Mathematik nie nach dem Sinn des Fachausdruckes in seiner Wissenschaft gefragt hat. Vom Standpunkt der modernen formalistischen Mathematik her ist die Haltung des jungen Mannes durchaus berechtigt. Es ist unmöglich, aus dem Wort »Filter« auf das Wesen dieses mathematischen Begriffs zu

[3] Bei der üblichen Einteilung der Wissenschaften gehört die Mathematik zu den Naturwissenschaften. Man kann dagegen natürlich einwenden, daß sie doch durchaus den Charakter einer »Geisteswissenschaft« habe. Wir wollen uns an die übliche Terminologie (und an die Einteilung der Fakultäten) halten, um auf einfache Weise zusammenfassen zu können. Wir benutzen auch die Bezeichnung »exakte Wissenschaften« für die mathematischen Naturwissenschaften, ohne mit dieser Formulierung behaupten zu wollen, andere Wissenschaften seien nicht »exakt«.

schließen. Der Begriff wird durch die in jedem Lehrbuch der Topologie oder der Verbandstheorie gegebene Definition hinreichend geklärt. Diese Erklärung ist klar und unmißverständlich, und man braucht nicht den Bezug auf anschauliche Modelle (»Kaffeefilter«), um sich verständlich zu machen. Der Name ist Schall und Rauch. Man könnte statt »Filter« auch »Regenschirm« oder »Gießkanne« sagen, wenn nur die Definition klar ist. Natürlich hat die als »Filter« bezeichnete Menge tatsächlich etwas mit dem Kaffeefilter gemeinsam (und kaum mit einem Regenschirm), aber diese Gemeinsamkeit ist unwesentlich. Man kann sie herausstellen, aber man darf an dieser Deutung nicht das Verständnis der Begriffe aufhängen. Dieser Sachverhalt wird besonders deutlich, wenn man mathematische Begriffe in fremde Sprachen übersetzt. »Verband« heißt auf englisch »lattice«. Wenn man aber in einem normalen Wörterbuch nach der Bedeutung des Wortes »lattice« sucht, so findet man etwa »Gitterwerk«. Übersetzt man umgekehrt »Verband« nach einem Taschenwörterbuch ins Englische, so findet man verschiedene Möglichkeiten, nur nicht den mathematischen Begriff »lattice«. Trotzdem versteht der englische Mathematiker unter »lattice« dasselbe wie der deutsche unter »Verband«. Ein Verband ist eine Menge von Objekten, die durch zwei Verknüpfungen nach wohlbestimmten Axiomen verbunden werden können. Hier liegt eine Verknüpfung vor, die der Deutsche »Verband«, der Engländer »lattice«, Gitterwerk, nennt. Irgendeine Eigenschaft des Gebildes gibt den Namen. Maßgebend ist aber nicht der vieldeutige Name der Umgangssprache, sondern die Festlegung durch die fundierenden Axiome, und die behalten ihren Sinn auch bei der Übersetzung in eine Fremdsprache.

Im Bereich der Geisteswissenschaften kommt es häufig vor, daß grundlegende Aussagen aus der philosophischen Analyse von Worten der Umgangssprache gewonnen werden. Man versucht, aus einem Verständnis des Wortes zu einer gültigen Sinndeutung zu kommen.

Betrachten wir als ein Beispiel die Art, wie Friedrich Karl Schumann in seinem Referat ›Mythos und Technik‹[4] die Brücke zwischen Antike und Gegenwart schlägt. Die übliche Auffassung, die Technik sei »methodisch angewandtes Mittel zur Erfüllung menschlicher Lebensbedürfnisse«, hält Schumann zwar nicht für unrichtig, aber sie betrifft doch (nach Heidegger) nicht das Wesen der Technik.

[4] [62], S. 14ff.

Die Frage des Wesens hat es nicht mit Richtigkeiten, sondern mit der Wahrheit einer Sache zu tun. Zum Wahren der Technik führt erst der ursprunghafte griechische Gedanke, daß alle Technik ein Hervorbringen, ein Ans-Licht-Bringen eines bisher noch nicht Hervor-Gebrachten ist. Als solches Hervorbringen hat Technik es zutiefst mit der Wahrheit des Daseins zu tun. Denn alle Wahrheit (ἀ – λήθεια) ist ein aus der Verborgenheit »Ent-borgenes«. Technik ist also eine bestimmte Haltung von Menschsein überhaupt, das wesenhaft ἀληθεύειν »Ent-bergen« ist. Ehe wir nun fragen, was für eine besondere Weise des Ent-bergens in der Technik vorliegt, verweilen wir einen Augenblick bei diesem Gedankeneinsatz, der bereits ein Ergebnis darstellt. Er bedeutet ja von vornherein, daß Technik nicht als ein mehr oder weniger Zufälliges, als ein Mittel zur Befriedigung kontingent auftretender Bedürfnisse verstanden werden darf. Die Technik hat es wesenhaft nicht mit solchen Bedürfnissen des Lebens zu tun, vielmehr geht es auch in ihr um die Unumgänglichkeit der Wahrheit. »Die Technik west in dem Bereich, wo ... Wahrheit geschieht.«

Wir sehen davon ab, daß dem Naturwissenschaftler die Sicherheit, mit der hier von der »Wahrheit« gesprochen wird, suspekt ist. Interessant ist hier die Relation

Technik – Wahrheit – Mythos.

Durch philosophische Analyse des griechischen Wortes für Wahrheit wird hier eine Gemeinsamkeit hergestellt zwischen Technik und Mythos. Technik hat es mit dem Ent-bergen zu tun, und (so erfahren wir weiter) der Mythos auch: »Im Mythos werden die Grundstrukturen des Seienden in seinem Sein gestalthaft ergriffen und ›entborgen‹.«

Daraus deduziert der Theologe Schumann das Recht, den Techniker unserer Tage auf den Prometheus-Mythos hinzuweisen. Wer sich mit Feuer beschäftigt, begibt sich »in den Bereich des Wagnisses, ja des Frevels hinein«.

Wir wollen uns versagen, auf die hier zur Diskussion gestellte Frage einzugehen und nach der Legitimation des Mythos zu fragen. Uns interessiert der Versuch, durch Analyse des Wortes ἀλήθεια das Wesen der Wahrheit der Technik *und* des Mythos zu deuten. Es ist doch mit Händen zu greifen, daß man durch diese Art von Philologie alles und nichts beweisen kann.

Ein anderes Beispiel! Alfred Zastrau[5] weist zur Interpre-

[5] Wissenschaft und Bildung. Weinheim 1963, S. 49ff.

tation des Begriffs *Bildung* auf die sprachliche Form dieses Wortes hin:

> In der deutschen Sprache sind alle sogenannten Hauptwörter auf »-ung« Abstrakta, die eben mit Hilfe dieser bedeutsamen Endsilbe unmittelbar aus Zeitwörtern geschaffen wurden. Der ursprünglich verbale Charakter haftet ihnen noch immer an. Er wohnt ihnen inne. Bei einigem Sprachgefühl kann man ihn bis auf den heutigen Tag durchaus verspüren. Dieser verbale Charakter ist ursprünglich aktiv. Er ist aktivisch. Mehr noch: Er ist präsentisch. Die Merkmale des Anwesenden, des Gegenwärtigen, des im Kerne Tätigen werden als wesenseigentümlich in dem Gesamthorizont solcher nominalen Ausdrücke erfaßt.
>
> . . .
>
> Obwohl wir semasiologisch unser Wort »Bildung« erst der sprachlichen Schöpferkraft Goethes verdanken, gelten alle angedeuteten Aspekte und Momente, völlig entsprechend den Wörtern auf »-ung« allgemein, auch und sogar ganz besonders für dieses. Goethe hat mit seinem Worte »Bildung« die verborgensten Quellschichten tiefursprünglichen Sprachvermögens erreicht und dabei in dichtester Weise Sinn- wie Sprecheinheit Gestalt werden lassen. Gemeintes und Gesagtes sind in den Impulsen der sprachlichen Schöpfertat so eng aufeinander bezogen, daß man mit der geistig-seelischen Intention zugleich alle maßgeblichen Züge der begrifflichen Definition zu erfassen vermag.
>
> Man ist daher berechtigt, in dem Worte »Bildung« den selbstverständlich auch für Goethe primär verbalen Charakter, und zwar durchaus als wesentlich aktiv, aktivisch, präsentisch zu vernehmen. »Bildung«, als Wort ebensowohl wie als Begriff genommen, ist der Ausdruck eines Vorgangs, nicht eines Zustands und somit die sprachliche Figur für einen urmenschlichen Wesensakt.

Wir sind in diesem Fall geneigt, dem philologisch Interpretierenden voll zuzustimmen: Hier ist wirklich Wichtiges über das Wesen der Bildung gesagt. Trotzdem bleibt die Frage offen, ob denn die Motivierung solcher Aussagen vom Wort her legitim sei.

Man könnte doch auch so schließen: Was der zweiten Silbe recht ist, ist der ersten billig. Bildung hat etwas mit »Bild« oder auch mit »Bilden« zu tun. Von hier aus könnte man das Recht des Pädagogen deduzieren, den Menschen nach einem »Bild«, einem »Vorbild« zu prägen.

Und welche Möglichkeiten bietet das Wort »Erziehung«! Man kann es ins Englische übersetzen und darauf hinweisen, daß »education« etwas mit »Herausführen« zu tun hat. Der Pädagoge hat dann die noble Aufgabe, den Schüler aus irgendeinem dunklen Gefängnis herauszuführen in eine lichtvoll-freundliche Welt. Etwas schwieriger ist der Umgang mit dem deutschen Wort. »Erziehung«: da steckt doch »ziehen« darin, und das weckt doch einige unfreundliche Assoziationen.

Besonders empfindlich reagieren Vertreter der exakten Wissenschaften, wenn präzis definierte Begriffe der Naturwissenschaften vom Wort her »bildlich« gedeutet und damit einfach mißbraucht werden. Wozu hat doch die *Einsteinsche Relativitätstheorie* herhalten müssen! Man hängte sich an das Wort »relativ« und meinte, eine Gemeinsamkeit mit den Ideen des großen Forschers hergestellt zu haben, wenn man dies oder das für »relativ« erklärte. Kürzlich hat Peter Bryan Medawar gegen Pierre Teilhard de Chardin schwere Vorwürfe erhoben. Er sei[6] »vor dem Vorwurf der Unehrlichkeit nur dadurch zu retten, daß man ihm zugute hält, er habe, ehe er andere betrog, große Mühe aufgewendet, sich selbst zu betrügen«. Diese »Betrugsversuche« sieht Medawar u. a. in dem Umgang mit der physikalischen Fachsprache. Teilhard de Chardin will zwar sein Werk nicht als metaphysische Studie verstanden wissen, sondern »einzig und allein als naturwissenschaftliche Arbeit«. Doch er braucht (so Medawar) »Wörter wie Energie, Spannung, Gewalt, Triebkraft und Dimension zwar bildlich, versteht sie aber so, als ob sie noch das Gewicht wissenschaftlicher Termini besäßen«.

Wir haben hier nicht zu urteilen, ob die Vorwürfe gegen Chardin zu Recht bestehen. Das muß aber festgehalten werden: Man mißbraucht den Respekt, den alle Welt dem präzisen Sprachgebrauch der exakten Wissenschaften entgegenbringt, wenn man Begriffe der Physik oder der Mathematik im »allgemeinen« Sinne benutzt und dann so tut, als ob die mit diesen Termini gewonnenen Aussagen Ergebnisse exakter Forschung wären[7].

Eine weitere Möglichkeit zur Verunklärung des wissenschaft-

[6] In: Club Voltaire I, S. 31 ff.

[7] Es ist natürlich gar nicht zu vermeiden, daß Begriffe wie Dimension, Energie, Integration, Funktion auch außerhalb des in den exakten Wissenschaften festgelegten Sprachgebrauchs verwandt werden. (Vgl. unsere Überschrift von Kap. III!) Es kommt nur darauf an, daß der hier geschilderte Mißbrauch ausgeschlossen ist.

lichen Gesprächs liegt in der Tatsache begründet, daß die Begriffe unseres Denkens im Laufe der Jahrhunderte in vielen Fällen eine Wandlung erfahren. Auch die exakten Wissenschaften sind gegen solche Möglichkeiten nicht gefeit. So versteht der moderne Mathematiker (der die Mathematik als die »Wissenschaft von den formalen Systemen« deutet) unter einem *Axiom* etwas wesentlich anderes als der antike Denker oder der Forscher des 19. Jahrhunderts. Peter Mittelstaedt[8] hat kürzlich darauf hingewiesen, daß durch die Ergebnisse der Quantentheorie sich das Verständnis vom Wesen der Natur selbst grundlegend gewandelt hat. Wir sprechen auch heute noch von den »Naturwissenschaften« wie in den Tagen Galileis, wir rechnen aber nicht mehr mit der Möglichkeit, die Natur absolut unabhängig vom forschenden Menschen zu beschreiben. Wir sprechen – ein weiteres Beispiel – auch heute gelegentlich vom naturwissenschaftlichen *Weltbild*, wir wissen aber, daß wir uns ein *Bild* des Atoms im klassischen Verständnis des Wortes *nicht* machen können.

Es ist aber charakteristisch für die um Präzision der Aussagen bemühten exakten Wissenschaften, daß dieser Sachverhalt immer wieder deutlich ausgesprochen wird. Ein Student der Mathematik erfährt heute, daß die moderne Mathematik aus guten Gründen ein anderes Verständnis vom Wesen der Axiome hat als etwa Platon.

Wenn man aber das Wesen der Dinge vom Verständnis des *Wortes* her gewinnen will, läuft man Gefahr, solche Wandlungen der Begriffsbildungen nicht wichtig zu nehmen. Das gilt besonders für die Existenzphilosophie und die auf ihre Methoden zurückgreifende Theologie. Vor allem finden wir in der Theologie oft die Neigung, Änderungen im Verständnis der Begriffe zu übersehen. Man benutzt die Formeln und Symbole der alten Kirche, deutet sie aber ganz anders als etwa die buchstabengläubigen Theologen der Orthodoxie. Es ist durchaus verständlich, daß sich das theologische Denken wandelt wie das anderer Disziplinen auch. Schlimm ist nur, daß man diese Änderung totschweigen oder gar leugnen will. Man legt Wert auf die »Unwandelbarkeit« der wesentlichen theologischen Aussagen.

Fassen wir zusammen: In den mathematischen Wissenschaften ist es üblich, die benutzten Begriffe zu definieren (soweit es sich nicht um undefinierbare »Grundbegriffe« handelt, vgl. Kap. IV!). Mit einer möglichst kleinen Anzahl von Wörtern der Umgangs-

[8] P. Mittelstaedt, Der Begriff der Natur in der modernen Physik. In: Natur und Geist. Eine Auswahl von Sendungen des Saarländischen Rundfunks. Frankfurt a. M. 1964.

sprache gelingt die Festlegung der Begriffe dabei so, daß Mißverständnisse praktisch ausgeschlossen sind. Bei der Übersetzung in fremde Sprachen ist nicht die Übertragung des Ausdruckes maßgebend, sondern die der Definition. In den mit philologischen Methoden arbeitenden Disziplinen legt man dem den Begriff bezeichnenden Wort größere Bedeutung bei. Es wird oft versucht, den Sinn eines Begriffes durch philologische Analyse (in der einen oder anderen Umgangssprache) zu deuten. Dieses Verfahren der »Sinndeutung« ist vieldeutig und gibt Anlaß zu Mißverständnissen.

Man kann einiges zur Rechtfertigung dieses philologischen Verfahrens anführen: Außerhalb der mathematischen Wissenschaften ist eine präzise Definition nicht immer möglich. Das wurde hier schon bei der Diskussion des Begriffes »Bildung« deutlich. Und schließlich steckt in der menschlichen Sprache nicht nur Torheit und Mißverstehen, sondern auch uralte Weisheit, die freizulegen das Recht des Forschers ist. Zugegeben. Aber die Möglichkeiten der Fehldeutung und des Mißverstehens sind zahlreich. Deshalb sollte man aus der Not keine Tugend machen und diese Gefahren des Mißverstehens erkennen. Es fällt bei der Lektüre von Facharbeiten der Philosophen, der Pädagogen und Theologen immer wieder auf, wie rasch man dabei ist, den Gesprächspartner zu verketzern oder ihm doch Irrtümer und Mißverständnisse nachzusagen. Man sollte die hier bestehenden Schwierigkeiten der Kommunikation in Rechnung stellen.

3. Wider die babylonische Sprachverwirrung

Vor einigen Jahren hat zwischen dem Theologen Rudolf Karl Bultmann und dem Philosophen Karl Jaspers eine auch in der Form heftige[9] Auseinandersetzung stattgefunden, die bei Theologen und Existentialisten sehr wichtig genommen wurde. Die Vertreter der exakten Wissenschaften haben diesen Streit kaum zur Kenntnis genommen. Wenn es aber geschah, standen sie (soweit uns bekannt ist) auf seiten Bultmanns und verteidigten ihn gegen die heftigen Attacken des Philosophen[10].

[9] Heftig sind vor allem die Ausfälle von Jaspers. Bultmann hat sehr zurückhaltend geantwortet. Veröffentlicht in: Kerygma und Mythos. Ein Gespräch. Hrsg. von H. Bartsch. Hamburg-Volksdorf 1952–57, Bd. 1–3.

[10] Siehe z. B. Kurt Reidemeister, Die Unsachlichkeit der Existenzphilosophie. Berlin 1954 (mit einem Aufsatz über Bultmann) und Herbert Meschkowski, Das Christentum im Jahrhundert der Naturwissenschaften Basel 1961. Kap. XI.

Da es bei diesem Gespräch auch um die Möglichkeiten einer wissenschaftlichen Sprache ging, wollen wir hier kurz darüber berichten.

Bultmann geht von der Tatsache aus, daß die Bibel die Sprache des mythologischen Weltbildes spricht. Da dieses dreistufige Weltbild (Himmel, Erde, Hölle) nicht mehr das unsere ist, will Bultmann die Aussagen der Kirche »entmythologisieren«. Er will nicht einfach (wie es manche liberale Theologen vorhatten) alle mythologischen Elemente einfach *entfernen*; er will sie »existential« interpretieren. Er will also den theologischen Gehalt dieser Aussagen dem Menschen des 20. Jahrhunderts nahebringen, dem die »mythologische Rede« selbst nichts mehr sagt.

Man wird verstehen, daß die theologische Orthodoxie gegen Bultmann zu Felde zog. Aber woher kommt es, daß der Existentialist Jaspers Bultmann so heftig attackierte? Man versteht es zunächst nicht und liest seinen Aufsatz ein zweites Mal. Jaspers ist beileibe nicht orthodox. Er gibt zu: Ein Leichnam kann nicht wieder aus dem Grabe steigen. Was ihn so in Zorn bringt, ist die Abwertung des Mythos, den er im Bultmannschen Programm erkennt. Für den Existenzphilosophen ist die mythologische Redeweise eine notwendige Form der Kommunikation, und er meint auf diese Art der Aussage nicht verzichten zu können, wenn es um die großen Menschheitsfragen geht.

Wie man den Mythos ins Gespräch bringen kann, zeigt der oben (S. 133) zitierte Vortrag von Schumann. Den modernen Technikern wird die Prometheus-Sage erzählt mit dem (durch philologische Interpretation gestützten) Anspruch, daß diese Geschichte auch für unsere Zeit bedeutsam sei. Jaspers findet in der Bibel eine Fülle von Mythen, die er gern zur »Daseinserhellung« nutzbar machen möchte. Die Absicht zu entmythologisieren ist ihm deshalb ärgerlich, weil sie den Versuch darstellt, die antiquierte Form der mythologischen Rede durch eine unserer Zeit gemäße Aussageform zu ersetzen.

Damit wird aber eine Sprachform diskreditiert, auf die der Existenzphilosoph nicht verzichten will.

Carl Friedrich von Weizsäcker sagt zu dieser Frage der mythologischen Rede[11]:

Wir haben auf die Mythen der Wissenschaft ja nicht verzichtet, weil sie Wissenschaft, sondern weil sie Mythen sind. Ich glaube

[11] Die Geschichte der Natur. Göttingen 1956, S. 51.

allerdings, daß die Antwort auf die Fragen, vor die wir damit gestellt sind, im Raum der Religion liegt. Aber diese Antwort wird uns nichts mehr nützen, wenn sie in der Sprache des Mythos formuliert ist. Die großen Gleichnisse genügen uns nicht mehr. Entschiedener als frühere Zeiten müssen wir nach der Sache selbst fragen.

Es ist nicht schwer zu begründen, warum uns Antworten in der Sprache des Mythos »nichts mehr nützen«. Wir sprachen schon von den Möglichkeiten der Verunklärung und des Mißverstehens, die durch die philologische »Deutung« von Worten gegeben sind. Diese ärgerlichen Möglichkeiten werden vervielfacht, wenn man biblische oder antike Mythen in wissenschaftliche Argumentationen einbauen kann. Welche Rechtfertigung gibt es eigentlich dafür, den Technikern gerade den Prometheus-Mythos zu erzählen? Wer in der Mythologie bewandert ist, dürfte sicher auch irgendeine antike Sage finden, die sich so interpretieren läßt: Sich durch niemanden und nichts von der gesetzten Zielrichtung abbringen lassen!

Wir haben bei Jaspers keine andere Rechtfertigung zur Anführung von Mythen gefunden als die: Sie sind »ergreifend«. Wir haben keine Einwände dagegen, daß sich jemand durch die Aussage einer Dichtung oder eines Mythos »ergreifen« läßt. Unser Dasein würde langweilig, wenn es das nicht gäbe. Aber man sollte doch die philosophische Predigt hart gegen wissenschaftliche Aussagen abgrenzen.

Und ein bißchen Skepsis gegen »ergreifende« Reden ist (zwanzig Jahre nach dem Ende des Dritten Reiches!) angebracht. Vergessen wir nicht:

Man kann auch das schlechtweg Verkehrte in sehr ergreifenden Bildern weitergeben. Und wer sagt uns denn, daß eine mythologische Aussage über Gott oder die Welt mehr wert ist als etwa frühe mythologische Erklärungsversuche für Blitz und Donner (die doch auch wohl Jaspers nicht mehr übernehmen will!)?

K. Reidemeister sagt von der Redeweise der Existentialisten[12]:

> Die Aussageweise drückt dem Ausgesagten den Stempel des Eigentümers auf und entzieht die Aussage durch die je eigene Prägung der Beurteilung nach allgemeinen Regeln, z. B. nach den Regeln der Logik. Ja selbst die Worte werden so in die verdichtete Anschauung eingestampft, daß sie wie Steine in

[12] [54], S. 114.

einem Mosaik sinnlos werden, wenn man sie herauslösen wollte. Nun, das ist die Sprache im Dienst der existenziellen Evokation, für welche Bildhaftigkeit wichtiger ist als Verständlichkeit und Schwerverständlichkeit ein Merkmal der Echtheit ist.

. . .

An Mythos und Magie fehlt es der Zeit nicht; es fehlt an Urteil und Substanz, weil die Kommunikation unterbunden ist. Der einzige Gegenstand, der der Auflösung widerstanden hat, ist die positive Wirklichkeit, und die Verneinung des Positivismus scheint die einzige Aussage zu sein, die sich noch allgemeiner Anerkennung erfreut. So kann man mit einigem Recht behaupten, daß die Kommunikation in der Existenzphilosophie nur durch den Positivismus gerettet wird.

Es besteht die Gefahr, daß diese Sprechweise »die Kommunikation der Denkenden untereinander mit Vernichtung bedroht«.

In der Tat: Das Verfahren der philologischen Deutung des »Wortes«, weit stärker aber noch der Gebrauch der mythologischen Rede kann zu einer babylonischen Verwirrung der Sprache und damit zu einer Isolierung der Sprechenden führen. Unter diesen Umständen ist die Forderung nicht überflüssig, man möge durch Präzision der Begriffsbildungen und durch Schlichtheit des Ausdrucks versuchen, der Sprachverwirrung zu wehren.

Wir meinen: Die Beschäftigung mit den exakten Wissenschaften ist geeignet, die sprachliche Zucht auch in der Umgangssprache zu fördern. Die Schriften des Hamburger Philosophen C. F. von Weizsäcker sind – um nur ein Beispiel zu nennen – von einer wohltuenden Klarheit des Ausdrucks, die auf seine Herkunft von der Physik deutet. Sie sind leichter zu lesen (und dabei gehaltvoller) als die mancher Existentialisten.

Es ist kein Zufall, daß die OEEC[13] versucht hat, gerade auf dem Gebiet des *mathematischen* Unterrichts eine Verständigung zwischen den Völkern zu erreichen. Die mathematischen Begriffsbildungen sind so präzis, daß eine Übertragung in eine andere Sprache ohne Substanzverlust möglich ist. Das Unternehmen Bourbaki (Kap. XI) begann deshalb auf internationaler Basis, und heute haben wir in Westeuropa viele Gemeinsamkeiten im mathematischen Schulunterricht. Neuerdings hat man für die Studenten der Mathematik ein »Europäisches Studienbuch«

[13] [45].

geschaffen. Das ist eine Art Paß für solche Studierende der Mathematik, die an Hochschulen verschiedener Länder studieren wollen. Die einzelnen Studiengebiete sind am Ende des Buches in englischer und französischer Sprache notiert, und die Professoren können nach dieser Vorlage die erworbenen Kenntnisse bescheinigen. Die Orientierung auf die Bourbaki-Strukturen macht eine Verständigung zwischen den Professoren verschiedener Länder leicht.

Natürlich liegt die leichte Verständigungsmöglichkeit über Fragen der Mathematik an dem formalen Charakter dieser Wissenschaft. Aber man darf doch hoffen, daß die Disziplin der mathematischen Sprache auch die Kommunikation über solche Fragen erleichtert, die nicht in den Zuständigkeitsbereich der exakten Wissenschaften fallen. Wir berichteten bereits (S. 30) über den Versuch Hans Reichenbachs, in der schwierigen Frage der »Realgeltung« der Geometrie eine Übereinstimmung der Forscher durch präzise Formulierung der Aussagen zu erreichen. Wir erinnern an die sehr klaren und kaum widerlegbaren Aussagen von Wolfgang Stegmüller[14] über das Verhältnis der Wissenschaft zur Metaphysik. Es ist möglich, daß sich in den nächsten Jahrzehnten die Gemeinsamkeit der Aussagen aller Wissenschaftler über den Bereich der reinen Mathematik und der experimentellen Physik hinaus ausweiten läßt. Die Präzisierung der Umgangssprache ist eine notwendige (vielleicht nie hinreichende) Voraussetzung dafür.

4. Die Stellung der Mathematik in unserer Kultur

Man sagt immer wieder, daß die Kunst einer Epoche ein Ausdruck für ihre Denk- und Lebensweise sei. Es scheint, daß dieser Satz nur bedingt richtig ist. Jedenfalls hat man unser Jahrhundert das Zeitalter der Naturwissenschaften genannt, und doch scheint die Kunst unserer Zeit vom Geist der exakten Wissenschaften, von ihrem Bemühen um Klarheit und Schlichtheit des Ausdrucks, kaum beeinflußt.

Man hat darauf hingewiesen, daß gewisse abstrakte Malereien moderner Künstler eine auffallende Ähnlichkeit mit den Röntgenaufnahmen von Beugungsversuchen haben.

Kann man daraus auf eine untergründige Gemeinsamkeit zwischen Kunst und Wissenschaft schließen? Das scheint uns

[14] [63].

gewagt. Es gibt doch eine solche Fülle von eigenwilligen Formen in der modernen Malerei, daß eine Ähnlichkeit mit dem Foto eines Beugungsversuchs reiner Zufall sein kann.

Eher schon könnte man in der Fülle bizarrer Schöpfungen der modernen Kunst ein Gegenstück zu den fremdartigen Erfahrungen sehen, die der Forscher beim Eindringen in die Welt des Atoms machen muß.

Jedenfalls scheint die zeitgenössische *Dichtung* wenig vom Geist des naturwissenschaftlichen Jahrhunderts beeinflußt zu sein. Es ist nicht leicht, in die Welt des Forschers einzudringen, aber der Wissenschaftler ist doch bemüht, durch Klarheit der Sprache und Einfachheit der Begriffsbildungen den Zugang zu seiner Welt zu erleichtern. In der zeitgenössischen Dichtung scheint die Tendenz vorzuherrschen, das Einfache durch eine dunkle Sprache kompliziert zu machen. Stilbrüche gelten als ein Ausweis von Originalität.

Natürlich ist es möglich, diese Erscheinungen aus den politischen und menschlichen Erfahrungen der letzten 30 Jahre zu deuten. Aber unter anderem beweist doch dieser Tatbestand auch, daß der Geist der exakten Wissenschaften unsere Dichter noch nicht beeinflußt hat. Sonst müßte doch schlichte Klarheit der Aussagen unabdingbare Voraussetzung für die künstlerische Geltung sein.

Wir wollen uns nicht über die Poeten beklagen. Ihre Art bestätigt nur, daß die mathematische Denkweise auch den meisten gebildeten Menschen unserer Zeit noch fremd ist. Kultur: Das ist Theater, Musik, Dichtung, Bildende Kunst. Man weiß, daß wir im Jahrhundert der Naturwissenschaften leben und interessiert sich vielleicht auch für einen Bericht über Forschungsergebnisse der Physik (wenn er populär genug geschrieben ist). Aber die Naturwissenschaften bleiben doch eine »Geheimwissenschaft«, die man den Spezialisten überlassen kann. Die Bildung des Menschen erfolgt durch das Wort: Durch die Kunst des Wortes und durch die philologischen Disziplinen[15].

Die exakten Wissenschaften sind unserer Epoche aber mehr schuldig als nur die Grundlagen für die unvermeidliche Technisierung unseres Lebens. Wir brauchen neue Formen des Unterrichts, damit die Bildungsmöglichkeiten der Mathematik und der Naturwissenschaften sich auswirken können.

[15] Der Verband der Gymnasiallehrer heißt heute noch *Philologenverband*.

IX. Geometrie und Bildung

Μηδεὶς ἀγεωμέτρητος εἰσίτω[1]

1. »Euklid must go«?

In den Tagen Platons war die Geometrie die wichtigste mathematische Disziplin, und noch im Zeitalter Goethes bezeichnete man oft den Mathematiker als »Geometer«. In der ersten Hälfte unseres Jahrhunderts unterschied man in den Schulbüchern die der Geometrie und die der »Arithmetik« und der weiterführenden Analysis bestimmten Teile. Sie standen fast beziehungslos, aber doch einigermaßen gleichberechtigt nebeneinander. Jetzt, im Zeitalter »Bourbakis«[2], führt die gute alte Geometrie ein Schattendasein neben den Disziplinen der modernen Strukturtheorien. Natürlich kann man sie in die moderne Konzeption einordnen und die Geometrie als die Theorie der linearen Vektorräume (insbesondere als die des $R^{(3)}$) deuten. Die geometrischen Figuren werden dann zu vielleicht didaktisch nützlichen, aber doch im Grunde überflüssigen Veranschaulichungen von Aussagen, die sich auch gut ohne Bezug auf die »Anschauung« formulieren lassen. Man kann zwar die Mathematik nicht mehr als ein Mittel zur »Schulung der räumlichen Anschauung« rühmen, aber man gewinnt eine einheitliche Konzeption vom Wesen der »Wissenschaft von den formalen Systemen«.

Es war vor allem der französische Mathematiker Jean Dieudonné, der die Forderung nach einer Abkehr vom klassischen Geometrieunterricht in unseren Schulen gefordert hat.

In ›New Thinking in School Mathematics‹ ist (S. 31 ff.) ein Referat von Jean Dieudonné im Auszug wiedergegeben. Darin heißt es unter der Überschrift ›Euclid must go!‹

> ... And if the whole program I have in mind had to be summarised in one slogan it would be: Euclid must go!
> But in so doing, the basic notions of geometry itself have been deeply scrutinised, especially since the middle of the 19th century. This has made it possible to reorganise the Euclidean corpus, putting it on simple and sound foundations, and to re-evaluate its importance with regard to modern

[1] Inschrift der Akademie Platons: »Es trete kein der Geometrie Unkundiger ein.«

[2] Vgl. Kap. XI!

results with no significance except as scattered relics of clumsy methods or an obsolete approach.

Dieudonné will die ebene euklidische Geometrie als zweidimensionale Vektoralgebra einführen:

... The theory of real numbers being assumed as known, the undefined objects introduced in plane Euclidean geometry are two-dimensional vectors, with three undefined operations where these vectors intervene, viz. addition $x + y$, product by a scalar x, and the scalar product $x \cdot y$ (which is a number). The axioms linking these notions are the following:

(A) $x + y = y + x$,
$x + (y + z) = (x + y) + z$,
$1 \cdot x = x$,
$(\alpha + \beta)x = \alpha \cdot x + \beta \cdot x$,
$\alpha(x + y) = \alpha \cdot x + \alpha \cdot y$,
$\lambda \cdot (\mu x) = (\lambda \cdot \mu)x$.

The maximum number of linearly independent vectors is 2.

(B) $x \cdot (y + z) = x \cdot y + x \cdot z$,
$x \cdot y = y \cdot x$,
$(\lambda x) \cdot y = \lambda(x \cdot y)$,
$x \cdot x > 0$ except for $x = 0$.

...

The defenders of »tradition-at-any-cost« have, of course, a ready-made answer to this. If one is to believe them, Euclidean geometry, as taught in their way, is the only method by which the child's mind may be opened to a real understanding of mathematics. However, as no other approach has ever been tried, I hardly see how this claim can be taken, other than as an article of faith.

Um Dieudonné zu widersprechen, muß man keineswegs der Meinung sein, daß die Euklidische Geometrie »die *einzige* Methode ist, durch die der kindliche Geist für ein wirkliches Verständnis der Mathematik geöffnet« werden kann.

Um unsere Bedenken gegen den Vorschlag Dieudonnés zu begründen, müssen wir etwas ausführlicher auf die Entwicklung der Grundlagenforschung der Geometrie seit dem 19. Jahrhundert eingehen.

Aus gutem Grund hat man gegen Ende des vorigen Jahrhunderts an Euklid Kritik geübt; dies sind die wichtigsten Einwände:

1. Euklids Definitionen von Punkt und Gerade sind unzulänglich.
2. Er übernimmt geometrische Sätze aus der Anschauung, ohne sie axiomatisch zu fundieren[3].

Hilbert hat deshalb eine neue Fundierung der Geometrie gegeben, die diese Fehler vermeidet. Aber mit dieser Bemerkung sind die immer wieder nachgedruckten ›Grundlagen der Geometrie‹ vom Jahre 1899 noch nicht ausreichend charakterisiert. Sein neues Verständnis vom Wesen des Axioms und von der »mathematischen Wahrheit« hat dem vom Bourbaki-Kreis vertretenen Formalismus erst die Grundlagen geschaffen[4].

Wir sollten heute auch nicht vergessen, daß das Hilbertsche Werk eine bemerkenswerte Theorie des Flächeninhalts enthält. Er definiert eine »Streckenmanipulation« und gewinnt so eine stetigkeitsfreie Fundierung der Inhaltstheorie für Polygone. Er gibt eine Ähnlichkeitslehre, die auf reelle Zahlen verzichtet.

Seine Ideen sind weitergeführt und variiert worden u. a. durch Karol Borsuk und Wanda Smielew [2] sowie durch Gunnar af Hällström [19]. Wir wollen darauf verzichten, die Abweichungen dieser Geometer von Hilbert im einzelnen darzulegen.

Gemeinsam ist ihnen jedenfalls mit Hilbert der Aufbau der Geometrie aus einem Axiomensystem, das die reellen Zahlen nur bei der axiomatischen Fundierung der analytischen Geometrie einführt. Die Verbesserungen an Hilbert bestehen u. a gerade darin, daß man die Zahl der Axiome verringert bzw. ihre Aussagen abschwächt. Es bleibt – und das ist besonders bedeutsam! – der Aufbau der »absoluten Geometrie«, die das gemeinsame Fundament der euklidischen und der nichteuklidischen (hyperbolischen) Geometrie bildet.

»Euklid muß gehen!«? *Hilbert sollte jedenfalls bleiben! Und von Euklid brauchen wir im Gymnasium doch mindestens so viel, daß dem Schüler die geschichtliche Entwicklung verständlich wird.*

Wir wollen wegen der Bedeutung dieser Fragestellung unsere Auffassung ausführlich begründen.

1. Die Mathematik ist »die Wissenschaft von den formalen Systemen«. Das ist »ein weites Feld«. Nicht nur die von Bourbaki bevorzugt dargestellten Strukturen haben Heimatrecht in der modernen Mathematik.

[3] Näheres z. B. in [38].

[4] Man lese den interessanten Briefwechsel zwischen David Hilbert und Gottlob Frege über diese Fragen, veröffentlicht in den Sitzungsberichten der Heidelberger Akademie der Wissenschaften (math. nat. Kl.) 1941.

2. Es gehört zur »Ökonomie« des mathematischen Formalismus, daß sie das axiomatische Fundament einer Theorie nicht breiter anlegt als notwendig. Axiomensysteme sollen »unabhängig« sein. Zu der von Dieudonné vorgeschlagenen Begründung der Geometrie gehören aber nicht nur die notierten Axiome. Dieudonné benutzt die reellen Zahlen; zur Fundierung ihrer Rechengesetze braucht man aber die Axiome der topologischen Räume, der Körper und der Verbände (bzw. der Halbordnungen). Zu einer sauberen Begründung der Geometrie werden hier also einige Dutzend Axiome verwandt. Hilbert kommt mit wesentlich weniger aus. Es ist doch wichtig zu wissen, daß man die Geometrie mit den ihr eigentümlichen Axiomen ohne den Umweg über die reelle Zahl aufbauen kann.
3. Der moderne Formalismus (von dem ja Bourbaki lebt!) hat seine Wurzel in der Diskussion über die Grundlagenfragen der Geometrie und der Mengenlehre. Die Entdeckung der nichteuklidischen Geometrie und die formalistische Konzeption von Hilberts ›Grundlagen‹ haben entscheidend zu der Entwicklung beigetragen, an deren Ende jetzt »Bourbaki« steht. Wie soll man die Abkehr vom klassischen, platonischen Verständnis der Mathematik verständlich machen, wenn der Zugang zu den historischen Quellen verwehrt ist? Im allgemeinen ist die Einführung in die geschichtliche Entwicklung die beste Methode, eine wissenschaftliche Theorie verständlich zu machen. Natürlich: Man braucht nicht im Unterricht allen Irrwegen der Geschichte nachzugehen. Aber die Arbeiten des Kreises um Euklid, Jahrtausende später die von Johann Bólyai und Nikolai Iwanowitsch Lobatschewsky und die ›Grundlagen‹ von Hilbert sind Marksteine in der Geschichte der Mathematik. Wer darüber nicht Bescheid weiß, kann zwar den modernen Kalkül erlernen, aber er wird ihn kaum verstehen.

»Euklid muß gehen!«? Wir möchten dieser Forderung nur bedingt zustimmen. Natürlich können wir heute nicht wie im 19. Jahrhundert einfach den guten alten Euklid zum Lehrbuch des geometrischen Schulunterrichts machen. Es genügt ein Hinweis auf die Anlage, die Bedeutung und die Schwächen dieses Werkes. Aber Hilbert gehört in die Schule! Hilbert oder vielleicht eine moderne Weiterführung seiner Ideen (Baldus, Kerékjártó, Hällström u. a.).

Man kommt zu einer für die Schüler nützlichen Vereinfachung und Modernisierung der Hilbertschen Konzeption, wenn man gewisse in der Schule heute vertrauten Begriffsbildungen der modernen Mathematik benutzt. Die Theorie der Relationen wird heute schon früh eingeführt, und die Schüler lernen den Begriff der geordneten Menge und den der Äquivalenzrelation spätestens in der Mittelstufe eines die modernen Lehrpläne berücksichtigenden Unterrichts kennen. Man kann deshalb heute den Hilbertschen Aufbau vereinfachen, indem man diese Begriffsbildungen benutzt und »Fertigbauweise« betreibt. Wenn man den Begriff der (linear) geordneten Menge als bekannt voraussetzt und ebenso den der Äquivalenzrelation, kann man z.B. die bei Hilbert mit Hilfe der schwerfälligen Zwischen-Beziehung formulierten Aussagen durch das einfache Axiom A_1 (das erste Anordnungsaxiom) ersetzen:

A_1: Die Menge der Punkte einer Geraden ist antireflexiv geordnet.

Und die Aussagen über die Strecken-Kongruenz kann man so vereinfachen:

C_1: Die Kongruenz ist eine Äquivalenzrelation.

In diesem von uns vorgeschlagenen Aufbau der Euklidischen Geometrie wird (vgl. das Axiom A_1) die Gerade als eine Menge von Punkten verstanden, deren Eigenschaften durch die Axiome festgelegt sind. Bei Hilbert gab es *drei* (zunächst voneinander unabhängige) »Systeme von Dingen«: Punkte, Geraden, Ebenen. Durch die Benutzung der Begriffe der Mengenlehre und der Relationstheorie kann man hier einige behutsame Veränderungen vornehmen, die didaktische Vereinfachungen bringen. Damit dürfte die Fundierung der Geometrie aus den Axiomen auch für die Schule möglich sein, mindestens für die Oberstufe des Gymnasiums. Man begibt sich wichtiger Bildungsmöglichkeiten der Schulmathematik, wenn man diesen Zugang zu den Grundlagenfragen verschüttet.

Es wird immer wieder mit Recht gefordert, die Schule möge die Geschichte der Mathematik nicht vernachlässigen. Niemand wird ernstlich fordern, man möge in der Schule systematischen Unterricht über Geschichte der exakten Wissenschaften treiben. Man versäumt aber Wichtiges, wenn man nicht wenigstens Verständnis weckt für die großen »Sternstunden« in der Geschichte der Mathematik (soweit sie dem Schüler verständlich werden können). Das gilt gewiß für den ersten systematischen Aufbau der Geometrie durch Euklid, für die Entdeckung der nichteuklidischen Geometrie und die Neubegründung der Elementargeometrie durch Hilbert.

3. Spiegelungsgeometrie

Wir haben bisher nur von der Alternative Dieudonné – Hilbert gesprochen. Wir müssen aber noch auf die Möglichkeiten eingehen, die durch das Werk Friedrich Bachmanns [1] geschaffen wurden. Hier wird mit Hilfe des Spiegelungsbegriffes eine gemeinsame Grundlage für die euklidische, die hyperbolische und die elliptische Geometrie geschaffen. Bei dem Hilbertschen System fällt die elliptische Geometrie schon sehr früh heraus: Sie unterscheidet sich schon in der Anordnung von der »absoluten« Geometrie. Der Bachmannsche ›Aufbau‹ stellt also einen interessanten Fortschritt gegenüber den Hilbertschen ›Grundlagen‹ dar. Freilich: Dieser Ausbau des Fundaments ist teuer bezahlt. Das Buch von Bachmann scheint uns wesentlich schwerer lesbar zu sein als die an Hilbert anschließenden Werke über die Grundlagen der Geometrie, und der Ausbau der euklidischen Geometrie bis zum Beweis der bekannten elementaren Sätze dürfte im Rahmen des Schulunterrichts nicht zu vollziehen sein. Vielleicht gelingt es, das Bachmannsche System so zu vereinfachen, daß es auch für das Gymnasium brauchbar wird. Vorläufig erscheint die von Hilbert und seinen Nachfahren gegebene Fundierung der Geometrie für die Schule besser geeignet zu sein.

In den letzten Jahren haben sich allerdings manche Schulmathematiker, die bei Bachmann oder seinen Schülern studiert haben, um eine für die Schule brauchbare Einführung der Spiegelungsgeometrie in der Schule bemüht.

Es ist nicht zu leugnen, daß weite Teile der Elementargeometrie (die Kongruenzgeometrie z. B.) durch die Anwendung von Spiegelungen eine anschauliche Fundierung erfahren können. Die Schule ist gewiß gut beraten, wenn sie solche Möglichkeiten nutzt. Man darf aber nicht übersehen, daß der axiomatische Aufbau der gesamten elementaren Geometrie aus dem Spiegelungsbegriff bisher nicht auf eine für die Schule anwendbare Weise gelungen ist. Interessant ist ein Versuch einer Fernsehsendung[5], eine »Einführung in die axiomatische Geometrie« aus dem Spiegelungsbegriff zu geben. Diese Sendung beschränkt sich auf die Herleitung einiger gewiß bemerkenswerter Aussagen über Spiegelungen. Aber man muß doch auch begründen können, daß zwei in verschiedenen Ebenen liegende Dreiecke kongruent sind, wenn ihre Seiten paarweise kongruent sind. In der Hilbertschen Geometrie folgt das leicht aus den Kongruenzaxiomen. Bei einer auf Bewegungen aufgebauten Geometrie müßte man die Bewegung (bzw. die Spiegelungen) angeben, die das eine Dreieck in das andere überführt. Das dürfte recht schwierig sein.

Es erscheint deshalb angebracht, die Elementargeometrie nach einem Verfahren zu begründen, wie es im vorigen Abschnitt geschildert wurde (»Fertigbauweise«). Man kann dann die Gesetze der Spiegelungen mit Erfolg auf solche Fragestellungen anwenden, die für dieses Verfahren geeignet sind.

[5] Diller und Breitkopf im Bayerischen Rundfunk.

X. Die »formalen Systeme« und der Mensch

> Die Erkenntnis der Wahrheit ist herrlich, aber als Führerin ist sie so ohnmächtig, daß sie nicht einmal die Berechtigung und den Wert unseres Strebens nach Wahrheit zu begründen vermag. Hier stehen wir einfach den Grenzen der rationalen Erfassung der Welt gegenüber.
>
> Einstein[1]

1. »Kritik des Menschen-Verstandes«

Es gibt eine bemerkenswerte Entsprechung in der Geschichte der Mathematik und der der Physik im 19. Jahrhundert. Nicht wenige Naturforscher meinten damals, daß bald alles Erforschbare erforscht sei. Als Max Planck sich an seinen Lehrer Philipp von Jolly wandte wegen seiner Promotion, hatte er den Wunsch, sich durch etwas grundsätzlich Neues als Forscher auszuweisen. Jolly dämpfte seinen Eifer durch die Bemerkung, daß es nichts grundsätzlich Neues mehr in der Physik geben könne.

Bald darauf wurden die Röntgenstrahlen entdeckt, Planck stellte in seiner Theorie der Hohlraumstrahlung das Quantenpostulat auf, das die klassischen Grundlagen der Elektrizitätslehre in Frage stellte. Und Einstein beschäftigte Generationen von Physikern, Mathematikern und Philosophen mit seinen neuen Einsichten über das Wesen von Raum und Zeit.

Die klassische Physik hatte in den bisher erforschten Bereichen Hervorragendes geleistet, aber es zeigte sich nun, daß man die Gesetze und die Begriffsbildungen der Makrophysik nicht ohne weiteres auf die Welt des Atoms übertragen konnte. Und viele bisher als universal gültig anerkannten »Grundsätze« (Satz von der Substanz, Kausalgesetz) erwiesen sich als unzulässige Verallgemeinerungen von Gesetzen, die nur in einem gewissen Bereich der Forschung gültig waren. Die Begegnung mit der Welt des Atoms war mit der Entdeckungsreise in eine ferne Welt vergleichbar, in der der Forscher immer aufs neue zum Umdenken gezwungen wird.

Die Ergebnisse der mathematischen Forschung vermittelten entsprechende Einsichten. Die Entdeckung der nichteuklidischen Geometrie ist von ähnlicher Bedeutung wie die Abkehr

[1] Zitiert aus: Albert Einstein, Aus meinen späteren Jahren. Stuttgart 1953, S. 26.

vom klassischen Begriff der Kausalität: Auch hier geht es darum, daß gewisse bisher allgemein anerkannte Vorstellungen der Wissenschaftler (die über das Wesen der Geometrie) in Frage gestellt wurden. Die Antinomien der Mengenlehre (vgl. S. 34ff.) stellten den Mathematikern bedeutsame erkenntnistheoretische Fragen: Wie kann man die Widerspruchsfreiheit eines formalen Systems beweisen? Gibt es nicht-entscheidbare Probleme?

Man muß einmal die Gemeinsamkeit in Mathematik und Physik sehen, um die Bedeutung dieser Entwicklung für die Geistesgeschichte richtig einzuschätzen. Die Vertreter der exakten Wissenschaften stellten Fragen, für die sich bisher die Philosophen zuständig fühlten. Da aber die Mathematiker und Physiker recht bemerkenswerte und durch philosophische Argumente nicht zu widerlegende Antworten auf diese Fragen zu geben wußten, fingen die Philosophen an, sich mit den Argumenten der exakten Wissenschaften auseinanderzusetzen.

Das bedeutet, daß Mathematik und Physik für unser Zeitalter viel mehr sind als nur Hilfswissenschaften für die moderne Technik. Sie leisten einen gewichtigen Beitrag zur Lösung jenes Problems, das auf den Zetteln von Goethes Nachlaß notiert ist:

> Ein Wohltäter der Menschen wäre, wer eine Kritik des Menschen-Verstandes leisten könnte. Den Menschen-Verstand in seinen Kreis einschließen.

Die Grundlagenforschung, die die Grenzen der Beweisbarkeit in formalen Systemen exakt untersucht, schließt doch »den Menschen-Verstand in seinen Kreis ein«. Einsichten dieser Art haben weit über die Fachwissenschaft hinaus Bedeutung. Wer die Grenzen der exakten Arbeit der Mengenlehre an dem Auftreten der Antinomien erkannt hat, der wird skeptisch sein, wenn heute noch Philosophen über das »Sein des Seins« diskutieren. Der Vertreter der exakten Wissenschaften kann ihnen ein kritischer Gesprächspartner sein. Damit wird klar, daß die exakten Wissenschaften heute eine Bedeutung für das Geistesleben haben, die die Vertreter des traditionellen Denkens nicht immer durchschauen.

Nun gehört freilich die Metamathematik und auch die Atomphysik zu den schwierigsten Bereichen der exakten Wissenschaften. Wir meinen aber (und haben diese Meinung durch didaktische Hinweise belegt)[2], daß auch der Unterricht in der

[2] Vgl. Kap. III und VI.

Oberstufe des Gymnasiums schon einzelne bildungswichtige Einsichten der Grundlagenforschung vermitteln kann.

Von David Hilbert wird erzählt: Als einer seiner Schüler von der Mathematik zur Germanistik überwechselte, sagte er dazu: »Er ist unter die Dichter gegangen. Für die Mathematik hatte er nicht genug Phantasie.« Man kann in der Tat ein wichtiges Bildungselement der Mathematik darin sehen: Sie weckt die Phantasie in einer Weise, wie es auch die gewagtesten utopischen Romane nicht können. Die ständige Begegnung mit den Paradoxien zeigt doch dem Schüler immer wieder, daß er zu eng gedacht hat. Er nahm an, daß sich die unendlichen Reihen so verhalten müssen wie die endlichen Summen, beliebige Punktmengen wie die vertrauten Polyeder. Solche naiven Verallgemeinerungen werden in der Mathematik immer wieder ad absurdum geführt.

Aber auch die Grundlagenforschung in der Mathematik und der Physik ist anregend für unsere Phantasie. Der Physiker des 19. Jahrhunderts konnte sich eine »akausale« Physik nicht vorstellen, und die an Platon oder Kant geschulten Mathematiker hielten die Sätze der euklidischen Geometrie für Aussagen über die Welt der Ideen bzw. für synthetische Urteile a priori. In beiden Fällen waren sie davon überzeugt, daß nur *eine* Geometrie denkmöglich sei.

Wenn man immer wieder darauf gestoßen wird, daß man *nicht* ungesichert verallgemeinern darf und skeptisch sein muß gegen voreilige Absolutheitsansprüche, dann besteht die Aussicht, daß sich diese Haltung auch in anderen Bereichen abseits von der Fachwissenschaft bewährt. Um nur einen Problemkreis zu nennen: Mangel an Phantasie ist höchst abträglich in der Politik. Wer immer meint, daß es so sein muß, wie es ist, und sich eine Wandlung des Bestehenden nicht vorstellen kann, ist ein schwacher Demokrat. Wer aber das Überwinden von Vorurteilen in der Wissenschaft gelernt hat, könnte – vielleicht! – ein anregender Politiker sein.

Als ich kürzlich mit einem Germanisten über die jüngste Entwicklung der mathematischen Grundlagenforschung sprach, wollte er uns bedauern. Wir haben ja die lichte Welt Platons verlassen, in der der »Glanz des Seins« über den Objekten der Mathematik lag. Seine Sätze waren ewig gültige Wahrheiten. Jetzt aber spielen wir – so der Einwand! – mit formalen Systemen. Wir fragen nicht mehr nach der Wahrheit (der Einen, der Ewigen, der Absoluten), sondern nach Sicherheit, nach der Sicherheit nämlich, daß nicht in einem formalen System eine Aussage A und die Negation non A deduziert werden kann.

Die Antwort: Wir haben nicht aus Übermut das schöne Reich der »Ideen« verlassen. Unser Exodus war ein Akt intellektueller Redlichkeit. Darin liegt seine Bedeutung: Die Wandlung des Denkens in den exakten Wissenschaften ist *nicht* das Ergebnis irgendeiner neuen Ideologie. Sie ist fundiert in der Begegnung mit dem Objektiven. Das ist unmittelbar einsichtig für die physikalische Forschung. Aber auch in der Mathematik war die Entdeckung der nichteuklidischen Geometrie ein Faktum, das etwa der Entdeckung eines neuen Elementarteilchens vergleichbar ist. Die neuen Geometrien sind als in sich widerspruchsfreie[3] Systeme in einem neuen Sinne »existent«.

Die Tatsache, daß solche »Entdeckungen« zu einer »Kritik des Menschen-Verstandes« führen, ist ein besonderes Geschenk, das reichlich für den Verlust an Pathos entschädigt, mit der frühere Generationen über die Mathematik sprachen[4].

2. Ein »Quentchen Metaphysik«

Wir haben vorgeschlagen[5], den Formalismus als *Methode* zu akzeptieren. Wenn man auf ideologische Voraussetzungen verzichtet und die Mathematik als »Wissenschaft von den formalen Systemen« versteht, kann man in der Mathematik eine Gemeinsamkeit der Aussagen erreichen, die es in anderen (z. B. gesellschaftswissenschaftlichen) Disziplinen nicht gibt.

Die Beschränkung auf formalistische Aussagen soll aber nicht bedeuten, daß man die ja immer noch bestehenden Fragen nach dem Wesen der mathematischen Wahrheiten, nach dem Grund für die »Anwendbarkeit« der Mathematik nicht mehr stellt oder sie den Philosophen überläßt. Man kann die Frage nicht beiseite schieben, was denn die Zahl 3 »eigentlich« ist: die Menge aller Mengen, die zur Menge $\{a,b,c\}$ äquivalent ist:

[3] Die Widerspruchsfreiheit der Geometrie (euklidischen oder hyperbolischen) ist relativ bewiesen: Die Geometrie ist widerspruchsfrei, wenn die Arithmetik es ist.

[4] Zwei Beispiele:
Novalis sagt: »Reine Mathematik ist Religion.«
In den ›Gesängen des Maldoror‹ von Comte de Lautréamont (1846–1870) lesen wir: »Die Erde bietet ... nur Illusionen und moralische Phantasmagorien; Du aber, oh strengsachliche Mathematik, läßt durch die unerbittliche Verkettung Deiner starren Sätze und die Beständigkeit Deiner eisernen Gesetze vor den geblendeten Augen einen starken Abglanz der Wahrheit aufleuchten, deren Gepräge an der Ordnung des Weltalls zu erkennen ist.«

[5] Vgl. dazu [37] und [42].

$$3 = | \{a,b,c\} |;$$

oder[6] (nach John von Neumann) die *eine* Menge

$$3 = \{0,1,2\} = \{\emptyset, \{\emptyset\}, \{\emptyset, \{\emptyset\}\}\}.$$

Wir wollen auf diese Frage an dieser Stelle nicht eingehen[7], möchten aber darauf hinweisen, daß erstaunlicherweise einige moderne Mathematiker (wie z. B. Gödel[8]) beim Durchdenken dieser Fragen zu Einsichten gelangt sind, die sich am besten in der Sprache der platonischen Ideenlehre ausdrücken lassen. Aber man muß diesen neuen »platonism« (mit kleinem p!) unterscheiden von der ungesicherten (dogmatischen) Übernahme der Ideenlehre durch die Mathematiker vergangener Jahrhunderte.

Mit diesen Überlegungen sind wir doch wieder auf metaphysische Fragestellungen gestoßen. Wenn man die Erörterung von Grundlagenfragen nicht umgehen will, ist das wohl unvermeidlich. Georg Cantor hat einmal gesagt[9]:

> Ohne ein Quentchen Metaphysik läßt sich, meiner Überzeugung nach, keine exacte Wissenschaft begründen.

Es kommt nur darauf an, daß wir nicht einfach ungesicherte Spekulationen oder (das liegt gerade in unserer Zeit wieder sehr nahe!) dogmatisch fixierte Thesen einer Weltanschauungsgruppe kritiklos übernehmen. An dieser Stelle sollte sich die Bildung des Menschen durch die Beschäftigung mit den Grundlagenfragen der exakten Wissenschaften bewähren: Wer wieder und wieder auf die Einsicht stößt (z. B. durch die Beschäftigung mit Paradoxien), daß man nicht unzulässig verallgemeinern darf, sollte auch zurückhaltend werden bei der Beschäftigung mit weltanschaulichen, politischen und bildungspolitischen Fragen[10].

Das bedeutet aber natürlich nicht, daß man sich so wichtigen aktuellen Fragen wie z. B. der nach der Verantwortung der Forscher für die Gesellschaft entziehen dürfte.

Wir haben in den ersten neun Kapiteln dieser Schrift versucht zu zeigen, welche Bedeutung die ernsthafte und in die Grundlagenfragen eindringende Beschäftigung mit der Mathematik

[6] Siehe [37], S. 193.
[7] Näheres in [39], S. 192ff.
[8] Vgl. [14], S. 1ff.
[9] [37], S. 114.
[10] Wir erinnern an die im Kap. II genannten Beispiele.

für die Bildung des Menschen haben kann. Von den Realitäten der Schule war nur gelegentlich die Rede. Wir müssen aber (um Nägel mit Köpfen zu machen) auch noch ausführlicher von der Rolle der NEW MATH (der neuen, mengentheoretisch orientierten Mathematik) in der Schule sprechen und von den »bildungspolitischen Konsequenzen« unserer Einsichten.

3. Die Verantwortung des Forschers

In den letzten Jahren ist viel gesprochen und geschrieben worden über die Verantwortung des Forschers für die Verwendung seiner Arbeit. Es gibt heute schon weltweite Organisationen, die das Gewissen der Techniker, der Physiker und Mathematiker ansprechen. Sie sollen sich dafür einsetzen, daß die Ergebnisse der modernen Forschung nur im Dienst der Humanität verwendet werden. Carl Friedrich von Weizsäcker hat einen »hippokratischen Eid« für die exakten Wissenschaften vorgeschlagen.

Wir haben zu fragen, ob und wie sich solche Postulate aus den Ergebnissen der Forschung selbst begründen lassen.

Können wir erwarten, daß die Menschen durch die Beschäftigung mit Mathematik und Physik nicht nur klüger, sondern auch *besser* werden? Es hat in der Tat Menschen gegeben, die das erwarteten. Im Fragment des Euripides (es wurde wahrscheinlich zur Verteidigung des Freidenkers Anaxagoras verfaßt) heißt es:

> Glücklich ist, wer Erkenntnis gewann vom erkundbaren
> Wesen der Dinge.
> Denn er trachtet nicht nach dem Leide der Menschen
> Noch sinnt er auf unrechte Taten.
> Wer überdenkt den nicht alternden Kosmos
> Wie er – unsterbliche Natur! – besteht eh und je,
> Erlieget nicht der Versuchung zu schändlichem Handeln.

Wir Heutigen können diesem schönen Lob der Forschung nicht uneingeschränkt zustimmen: Wir haben erlebt, daß man die Wissenschaft auch in den Dienst des Bösen stellen kann.

Wir müssen auch Gerhard Szczesny widersprechen, wenn er in seiner ›Zukunft des Unglaubens‹[11] eine Wertethik naturwissenschaftlich begründen will:

[11] G. Szczesny, Die Zukunft des Unglaubens. München 1958, S. 185.

Die alleinige Glaubwürdigkeit dessen, was einsehbar ist, führt notwendig zum Aufbau eines Wertsystems, das seine Maßstäbe aus der gegebenen Natur der Dinge und der Menschen ableitet.

Wie soll dieses »Wertsystem« fundiert werden? Man kann die Ethik nur dann »more geometrico« begründen, wenn man gewisse ethische Postulate an den Anfang setzt. Wir zitierten bereits (S. 29) Henri Poincaré: *Es führt kein Weg von dem, was ist, zu dem, was sein soll.* Dieser schlichte Satz dürfte kaum zu widerlegen sein. Albert Einstein hat schon recht: Man kann das Streben nach Wahrheit zur Maxime naturwissenschaftlicher Arbeit machen, aber man kann nicht einmal diese Haltung aus der Forschung selbst begründen. Wie sollte es gelingen, eine Wertethik zu fundieren? Um es einmal ganz hart zu formulieren: Eine Kettenreaktion, die das Leben auf diesem Planeten vernichtet, ist ein physikalischer Vorgang wie alle anderen auch. Der Physiker kann ihn (so lange er es kann!) *beschreiben*. Aber er kann nicht aus der Beobachtung der Natur oder aus mathematischen Formeln deduzieren, daß die Einleitung eines solchen Prozesses verwerflich sei.

Nun ist nicht zu bestreiten, daß eine solche Anzahl von Forschern – fast alle Männer mit bekannten Namen! – sich immer wieder leidenschaftlich für den Sieg der Humanität eingesetzt haben. Die ethische Verpflichtung des Wissenschaftlers wird als eine Selbstverständlichkeit hingenommen, und es wird nur die Frage gestellt, auf welche Weise sich solche Verpflichtungen am besten auswirken können. Es scheint uns nicht überflüssig zu sein, auf dieses hinzuweisen:

Es gibt keine Möglichkeit, aus den Gesetzlichkeiten der exakten Wissenschaften die ethischen Postulate zu deduzieren, die einen »hippokratischen Eid« der Forscher begründen könnten.

Wir haben nicht etwa die Absicht, gegen einen solchen Eid Stellung zu beziehen. Wir wollen nur einer Popularphilosophie widersprechen, die das Verantwortungsbewußtsein des Forschers oberflächlich deutet. Wundern wir uns zunächst einmal darüber, daß der im allgemeinen leidenschaftslos beschreibende Forscher an dieser Stelle aus seiner Reserve heraustritt und Wertungen vollzieht, die nicht in die Zuständigkeit seiner Fachwissenschaft gehören.

Das macht deutlich, daß wir alle *aus Quellen leben, die wir nicht mit der Sprache der exakten Wissenschaften zureichend deuten können.*

Wir können hinzufügen, daß das Leben auf diesem Planeten in den nächsten Jahrzehnten nur dann erträglich sein kann, wenn sich eine wachsende Gruppe von Menschen zu jenen ethischen Grundsätzen bekennt, die hinter den Äußerungen der führenden Forscher stehen. Die Tatsache, daß es offenbar eine Entwicklung zu einer solchen rational nicht begründbaren ethischen Gemeinsamkeit von Menschen verschiedener Herkunft gibt, gehört zu den wenigen tröstlichen Rätseln unserer Zeit.

Mit dieser Bemerkung wollen wir die ethischen Fragen unseres Atomzeitalters nicht in einen Bereich mystischen Dunkels abschieben, der durch vernünftige Überlegungen nicht erhellt werden kann. Allein die Frage, wie der Forscher an der politischen Verantwortung für die Ergebnisse seiner Forschung beteiligt werden kann, ist ernstlicher Überlegung wert.

Und niemand dürfte besser geeignet sein für eine solche Untersuchung als der Forscher selbst. Es ist ja *seine* Sache, um die es geht. Und der durch die exakten Wissenschaften geschulte Denker dürfte noch am besten fähig sein, bei der Lösung der hier anstehenden Fragen weiterzuhelfen.

Aber bei allen solchen Überlegungen ist es nützlich zu wissen, daß wir uns in einem Bereich des Menschlichen bewegen, in dem nicht mehr more geometrico deduziert werden kann. Wir müssen deshalb damit rechnen, daß es bei der Diskussion solcher Fragen Meinungsverschiedenheiten gibt. Wer dagegen seine Popularphilosophie mit naturwissenschaftlichen Methoden glaubt rechtfertigen zu können, steht in der Gefahr, unduldsam zu werden.

Albert Schweitzer gehört zu den großen Denkern unserer Zeit, der über die Fachwissenschaft hinaus zu einer »denkenden Wissenschaft« vordringen will, um etwas zu den großen Menschheitsfragen zu sagen. In ›Kultur und Ethik‹ heißt es[12]:

> Fortgeschrittenstes Wissen verträgt sich jetzt mit gedankenlosester Weltanschauung. Es behauptet, es nur mit Einzelfeststellungen zu tun zu haben, da nur bei diesen sachliche Wissenschaftlichkeit gewahrt sei. Die Zusammenfassung der Erkenntnisse und die Geltendmachung ihrer Konsequenzen für die Weltanschauung sei nicht seine Sache. Früher war jeder wissenschaftliche Mensch zugleich ein Denker, der in dem allgemeinen geistigen Leben seiner Generation etwas bedeutete. Unsere Zeit ist bei dem Vermögen angelangt, zwi-

[12] Albert Schweitzer, Kultur und Ethik. München 1960, S. 58.

schen Wissenschaft und Denken scheiden zu können. Darum gibt es bei uns wohl noch Freiheit der Wissenschaft, aber fast keine denkende Wissenschaft mehr.

Ihm ist bekannt, daß es Grenzen für unser rationales Erkennen gibt, aber er will deshalb nicht resignieren[13]:

> Ich glaube der erste im abendländischen Denken zu sein, der dieses niederschmetternde Ergebnis des Erkennens anzuerkennen wagt und in bezug auf unser Wissen von der Welt absolut skeptisch ist, ohne damit zugleich auf Welt- und Lebensbejahung und Ethik zu verzichten. Resignation in bezug auf das Erkennen der Welt ist für mich nicht der rettungslose Fall in einen Skeptizismus, der uns wie ein steuerloses Wrack in dem Leben dahintreiben läßt. Ich sehe darin die Wahrhaftigkeitsleistung, die wir wagen müssen, um von da aus zu der wertvollen Weltanschauung, die uns vorschwebt, zu gelangen. Alle Weltanschauung, die nicht von der Resignation des Erkennens ausgeht, ist gekünstelt und erdichtet, denn sie beruht auf einer unzulässigen Deutung der Welt.

Man weiß, wie Schweitzer seine Ethik auf der »Ehrfurcht vor dem Leben« aufbaut. Es ist aber interessant zu bemerken, daß andere Forscher zu einer Fundierung der Ethik kommen, die mit der des Urwalddoktors nicht gut vereinbar ist. Wir denken hier an den »Versuch einer Antwort« auf die ethischen Fragen, die Schrödinger in seiner Schrift ›Geist und Materie‹ gibt[14].

Schrödinger deutet den »ethischen Imperativ« als einen Ausweis für die biologische Entwicklung des Menschen, und er rechnet mit einem heftigen Widerstand des »natürlichen« Menschen gegen die ethischen Postulate. Schweitzer dagegen glaubt, daß der Blick auf das Leben und Sprießen in der Natur notwendig zu jener Gesinnung der Ehrfurcht führen muß, die für seine Ethik grundlegend ist.

Dieses Beispiel zeigt, daß wir nicht mit einer Gemeinsamkeit der Auffassungen rechnen dürfen, wenn die Forscher den gesicherten Bereich der exakten Forschung verlassen. Wir haben schon darauf hingewiesen, daß Schrödinger sich dieser Tatsache immer bewußt ist. Vielleicht ist der Vertreter der exakten Wissenschaften gerade deshalb besonders geeignet, politische Verantwortung mitzutragen? Er kennt die Grenzen, die exakter

[13] a. a. O. S. 86–87.
[14] [61] S. 5ff.

Forschung gesetzt sind, und könnte eher als andere geneigt sein, im Bereich der menschlichen Probleme den »Gegner« gelten zu lassen.

4. Mathematik als Bildungsgrundlage

Im 19. Jahrhundert gab es Gymnasiallehrer, die die Mathematik zu den »technischen Fächern« rechneten. Diese Haltung ist auch im »Jahrhundert der Naturwissenschaften« noch nicht ganz ausgestorben. Natürlich, man weiß, daß man die Mathematik braucht zur Bewältigung unserer technischen Probleme. Man gesteht auch vielleicht noch zu, daß sie gut sei für die »logische Schulung« und die Förderung der »räumlichen Anschauung«. Im übrigen ist aber die Bildung des Menschen die Aufgabe der philosophischen Disziplinen.

Wer so denkt, übersieht die Möglichkeiten, die in der ernsthaften Beschäftigung mit den formalen Systemen liegen.

Wir haben die Mathematik als »Bildungsgrundlage« bezeichnet und meinen, daß die Gründe dafür deutlich geworden sind. Die Erziehung zur bedingungslosen Objektivität, die Disziplinierung der Sprache, die Einsicht in die Grenzen wissenschaftlicher Methoden und die Ausweitung der wissenschaftlich schöpferischen Phantasie: Das alles sind wichtige Elemente der Menschenbildung.

Es ist aber zu fragen, wie weit diese Bildungsmöglichkeiten der Mathematik eigentümlich sind. Sollte nicht auch die ernsthafte wissenschaftliche Arbeit in anderen Disziplinen ähnliche Einflüsse auf die Denkweise des Menschen ausüben?

Wir haben in dieser Schrift immer wieder die Gemeinsamkeiten zwischen Mathematik und Physik herausgestellt. Die Erziehung zur Objektivität, das Veto der Paradoxien gegen die unzulässige Verallgemeinerung, die Disziplin einer exakten Fachsprache: Das alles ist den exakten Wissenschaften gemeinsam. Ein bemerkenswerter Unterschied liegt in der Tatsache, daß die Wissenschaft von den formalen Systemen ohne den Bezug auf die Außenwelt auskommt. Die Mathematik ist deshalb (mit ihren Aussagen über Entscheidungsprobleme, z. B.) besonders geeignet für die erkenntniskritische Schulung, für die Frage nach den Möglichkeiten des reinen Denkens. Dafür hat die Physik mit den Bildungsmöglichkeiten aufzuwarten, die in der exakten manuellen Arbeit liegen. Wichtiger aber als solche

Unterschiede ist die Gemeinsamkeit. Man kann die Beschäftigung mit den exakten Wissenschaften vergleichen mit einer Bildungsreise, die in unbekannte Kontinente führt. Die Welt des Atoms ist dem wissenschaftlich nicht Geschulten ebenso fremd wie die verschiedenen nichteuklidischen Geometrien. Man lernt auf einer solchen Bildungsreise nicht nur die »Flora« und »Fauna« eines fernen Erdteils kennen, man wird ständig genötigt, die gewohnten Grundsätze des Denkens kritisch zu überprüfen.

Mit diesem Vergleich ist schon eine Antwort auf die Frage nach den Bildungsmöglichkeiten anderer Disziplinen gegeben. Jede Begegnung mit fremden Kulturen ist eine »Bildungsreise«, deshalb ist zu erwarten, daß auch im Sprachunterricht oder in der Geographie Erfahrungen möglich sind, die den Charakter von Paradoxien haben, die also unzulässigen Verallgemeinerungen wehren.

Ich entsinne mich, daß ich als Kind die Vorstellung hatte, daß die Übersetzung in eine fremde Sprache eine schematische Übertragung der Vokabeln aus der einen Sprache in die andere sei. Es überraschte mich sehr, als ich dann erfahren mußte, daß es so einfach nicht ist. Eine andere Sprache bedeutet ein anderes Verhältnis zur Wirklichkeit. Das wird schon an der Tatsache klar, daß etwa die französische Sprache mehr Möglichkeiten hat, die Vergangenheit zu beschreiben als die deutsche. Diese Einsicht wiederum legt die Folgerung nahe, daß alle menschliche Sprache nur eine sehr unvollkommene Wiedergabe des Wirklichen sein kann.

Ich breche ab. Meine Kollegen, die philologische Fächer vertreten, werden die Bildungsmöglichkeiten ihrer Disziplinen besser deuten können als ich. Natürlich hat jede saubere wissenschaftliche Arbeit ihre Bildungsmöglichkeit, und die Paradoxien wachsen nicht nur im Lande der Mathematiker. Man darf aber eine Eigenart der Wissenschaft von den »formalen Systemen« darin sehen, daß in der Mathematik der wichtige Unterschied zwischen Paradoxien und Antinomien besser deutlich zu machen ist als in anderen Bereichen, die nicht über eine ausgebildete Formalsprache verfügen. Daß weiter das Verhältnis der exakten Wissenschaften zur Umgangssprache anders ist als in den philosophischen Disziplinen, wurde schon ausgeführt (Kap. VIII).

Um den tiefgreifenden Einfluß der exakten Wissenschaften auf unser Geistesleben zu verdeutlichen, wollen wir ein Gedankenexperiment wagen. Stellen wir uns vor, daß wir eine »Zeitmaschine« hätten, eine Möglichkeit, uns in vergangene Epochen zurückzuversetzen. Wir benutzen sie, um dem ausgehenden 18. Jahrhundert einen Besuch zu machen. Führen wir eine demoskopische Befragung der Gebildeten Europas durch. Wir wollen wissen, wie sie über Gott und die Welt, über Politik, Kindererziehung, Religion und Moral denken. Wir werden aber auch nach gewissen Prinzipien der Mathematik und Physik fragen.

Die Tatsache, daß man dieses Umdenken (im Jahrhundert der Naturwissenschaften) theologisch motiviert, hat nun zur Folge, daß sich mehr ändert als nur die Aussage über das Weltbild. Hier liegt eine Fernwirkung des neuen naturwissenschaftlichen Denkens vor, die nicht sofort durchschaubar ist. Es wäre eine interessante kulturgeschichtliche Aufgabe: Die Auswirkungen des »exakten« Denkens in dieser Zeit.

Wir haben ein Kapitel dieser Schrift der Einsicht in die Grenzen wissenschaftlicher Verfahren gewidmet. Es ist mit dem Einwand zu rechnen, daß die hier gewonnenen Einsichten nicht neu und jedenfalls nicht typisch für die mathematischen Wissenschaften seien. Schillers schönes Gedicht vom verschleierten Bild zu Sais nimmt gewisse Folgerungen aus der Grundlagenforschung vorweg; aber schon das Wort Solons (im Motto von Kap. VI) handelt vom »unsichtbaren Maß der Erkenntnis«. Und wenn man noch weiter zurückgehen will, kann man Konfuzius zitieren[15]:

> Wissen, was man weiß, und wissen, was man nicht weiß, ist das Kennzeichen eines Wissenden.

Aber gerade dieses Wort unterstreicht doch die Bedeutung der modernen Einsichten. Es ist doch etwas anderes, ob man in allgemeingehaltenen Worten von den Grenzen menschlichen Wissens spricht (oder in dichterischen Visionen), oder ob man in einem exakten Beweis deduzieren kann, daß dieses oder jenes Problem (für ein wohlbestimmtes formales System) nicht entscheidbar ist.

In Summa: Viele Aussagen der modernen Grundlagenforschung sind schon aus uralter Spruchweisheit »bekannt«. Sie erhalten aber für den Menschen des naturwissenschaftlichen Jahrhunderts neues Gewicht durch die Tatsache, daß sie heute als Folgerungen aus der wissenschaftlichen Arbeit unseres Jahrhunderts legitimiert werden.

[15] Konfuzius. Herausgegeben von Lin Yutang. Fischer Bücherei Nr. 154 (1957), S. 30.

Damit ist deutlich geworden, daß die Mathematik ein wichtiges Bildungselement unserer Zeit geworden ist. Und da das Feld der mathematischen Bildung gerade das Elementare ist, dürfen wir wohl die Bezeichnung *Bildungsgrundlage* wagen. Sie bedarf natürlich der Ergänzung durch die Erlebnisse der Kunst, durch die sprachliche Bildung, durch die Leibeserziehung.

Auf eine eigenartige *Paradoxie* möchten wir noch hinweisen: *Je solider das mathematische Fundament der Bildung ist, desto klarer wird, daß nicht alles in dieser Welt more geometrico verstanden werden kann.*

Im 18. Jahrhundert, als die Anwendung der Mathematik auf die Physik erste große Triumphe feierte, gab es ein primitives Verständnis der Aufklärung (nicht alles an der Aufklärung war primitiv!), das nur die mathematisch-physikalische Deutung der Welt gelten lassen wollte. Heute erleben wir Ähnliches bei den jüngsten Jüngern der exakten Wissenschaften. Ein Forscher wie Einstein aber weiß, daß man nicht einmal das *Streben nach Wahrheit* durch die physikalische Erfahrung oder aus den Gesetzen der Mathematik motivieren kann.

XI. Die NEW MATH in der Schule

> Die Mathematik ist eine gar herrliche Wissenschaft, aber die Mathematiker taugen oft den Henker nicht. Es ist fast mit der Mathematik wie mit der Theologie. So wie die der letzteren Beflissenen, zumal wenn sie in Ämtern stehen, Anspruch auf einen besonderen Kredit von Heiligkeit und eine nähere Verwandtschaft mit Gott machen, obgleich sehr viele darunter wahre Taugenichtse sind, so verlangt sehr oft der sogenannte Mathematiker für einen tiefen Denker gehalten zu werden, ob es gleich darunter die größten Plunderköpfe gibt, die man nur finden kann, untauglich zu irgendeinem Geschäft, das Nachdenken erfordert, wenn es nicht unmittelbar durch jene leichte Verbindung von Zeichen geschehen kann, die mehr das Werk der Routine als des Denkens sind.[1]
>
> Lichtenberg

1. Mengenlehre in der Grundschule

Man stelle sich einmal vor, daß etwa um 1950 ein Team von deutschen Mathematikern den Schulbehörden vorgeschlagen hätte, den Anfangsunterricht in Rechnen auf der Grundlage der Mengenlehre zu erteilen. Es ist mit Sicherheit anzunehmen, daß ein solches Ansinnen (als der Wunsch weltfremder und didaktisch unerfahrener Wissenschaftler) kühl abgelehnt worden wäre. Nun hat sich aber die NEW MATH rasch in vielen Ländern durchgesetzt, nachdem Zoltan Paul Dienes gezeigt hatte, daß schon Kinder im Vorschulalter das Verfahren der eindeutigen Zuordnung praktizieren und an geeigneten Modellen sogar einige Grundgesetze der formalen Logik spielend erfassen können[2]. Jetzt war kein Halten mehr: Auch in Deutschland mußte sich der Fortschritt durchsetzen. Und man forderte die Einführung mengentheoretischer Verfahren in einer so kurzen Frist[3], daß eine sachgemäße Ausbildung der (mathematisch doch meist bescheiden vorbereiteten) Grundschullehrer nicht mehr möglich war. Manche in den Hochschulen oder der Industrie tätigen

[1] Zitiert nach: Georg Christoph Lichtenberg, Tag und Dämmerung. Aphorismen, Schriften, Tagebücher. Leipzig 1941, S. 305.

[2] Vgl. dazu z. B. [8], [9] und [17].

[3] In Berlin z. B. war ein Jahr für den Übergang vorgesehen.

Mathematiker konnten dann in den Schulheften ihrer Kinder Versuche zu einer »Mengenlehre« entdecken, über die sie entsetzt waren. Es wurde die Ansicht vertreten, man sollte lieber in der Grundschule wie eh und je rechnen lernen, richtig sauber rechnen; die Beschäftigung mit der *Mathematik* aber könnte einem späteren Lebensalter vorbehalten bleiben; und natürlich müsse sie nur durch fachlich vorgebildete Lehrer erfolgen.

In der Tat: Die ersten praktischen Erfahrungen mit der »Mengenlehre« im Anfangsunterricht legen solche Vorschläge nahe. Aber wir meinen, daß die ablehnende Kritik der heute noch gewiß vorhandenen Unzulänglichkeiten nicht das letzte Wort zu diesem Thema sein sollte. Die Vorteile einer frühen Fundierung des *mathematischen* Unterrichts sind nicht zu leugnen: Man erleichtert die systematische Beschäftigung mit den mathematischen Strukturen, wenn man (in einer kindgemäßen, aber doch sachlich einwandfreien Form) schon früh in die Begriffe der Mengenlehre einführt. In unserem technischen Zeitalter sollte man solche Vereinfachungen des Bildungsganges wahrnehmen. Und eine Analyse der Grundbegriffe der Mengenlehre und der früher in der Grundschule üblichen (angeblich kindertümlichen) Surrogate[4] zeigt, daß es in der Tat nichts Einfacheres gibt als die Grundelemente der Mengenlehre und der elementaren mathematischen Strukturen. Man muß für die Reform des Unterrichts nur voraussetzen, daß die Lehrenden ein bescheidenes Minimum an mathematischen Grundkenntnissen beherrschen. In einigen Jahren wird man hoffentlich voraussetzen dürfen, daß jeder Abiturient über die Elemente der Mengenlehre Bescheid weiß. Für eine (längere) Übergangszeit sind zusätzliche Ausbildungslehrgänge für die Grundschullehrer unerläßlich.

Man hat eine gute Sache dadurch in Mißkredit gebracht, daß man die Zeit (die für die Umschulung der Lehrer unerläßliche Zeit) nicht abwarten konnte. Man darf aber hoffen, daß in einigen Jahren die Schwierigkeiten der Umstellung überwunden sind.

Das setzt allerdings voraus, daß die zusätzliche Ausbildung der Lehrenden *sachgemäß* erfolgt. Es geht nicht an[5], daß man die Lehrer mit der NEW MATH »spielend« vertraut macht. Es besteht sonst die Gefahr, daß sie nicht wissen, wie weit sie sich in der Spielbegeisterung (und bei dem Versuch, selbst in der Sprache der Kinder zu »definieren«) von einer korrekten *Mathematik*

[4] Vgl. dazu unsere Ausführungen im ›Mathematik-Duden für Lehrer‹, S. 472ff.

[5] Einige Anhänger der Dienes-Methode neigen zu solchen spielerischen Verfahren.

entfernen. Die Grundbegriffe, um die es hier geht, sind in der Tat so einfach, daß man sie einem interessierten Lehrer (mit den konventionellen Mathematik-Kenntnissen eines Abiturienten) in einem Jahreskursus von zwei Wochenstunden beibringen kann. Einblicke in die Praxis des Grundschulunterrichts (und in den Aufbau der »modernen« Lehrbücher) machen allerdings deutlich, daß die Lehrenden (und manchmal auch die Ausbilder der Lehrenden) noch Wesentliches lernen müssen. In vielen Fällen steht das spielende Umgehen mit Mengen und das (schließlich nun einmal unvermeidliche) Rechnen mit Zahlen fast beziehungslos nebeneinander. Die Beschäftigung mit der Mengenlehre im Anfangsunterricht hat aber nur Sinn, wenn man eine *mengentheoretische Begründung des Zahlbegriffs und des elementaren Rechnens* erreicht. Nur dann hat die NEW MATH ihre Aufgabe erfüllt. Wie das geschehen kann, wurde in der Fachliteratur gezeigt.

2. Problematische Didaktik

Man könnte hoffen, daß alle hier erwähnten Schwierigkeiten sich in den nächsten Jahren leicht lösen lassen, weil wir heute an den Universitäten und Pädagogischen Hochschulen eine große Zahl von neu eingerichteten Professuren für Didaktik des mathematischen Unterrichts haben. Die sachgemäße Ausbildung der Lehrer scheint also für die Zukunft gesichert. Aber leider trägt gerade der Eifer um einen Ausbau der didaktischen Einsichten neue Gefahren für die Schule ein.

Die Forschungsarbeit gehört zu den vornehmsten Aufgaben eines Hochschullehrers. Ein Professor der Didaktik sieht sein Arbeitsfeld natürlich in der Untersuchung von Unterrichtsmethoden seines Fachgebietes, und die Forschungsergebnisse sind meist Vorschläge für ein neues *Verfahren* der Unterweisung. Auf diese Weise wurden in den letzten Jahren in den Fachzeitschriften und auf den Tagungen der Didaktiker eine ganze Reihe von zusätzlichen bedeutsamen Veränderungen des mathematischen Unterrichts vorgeschlagen. Wir nennen nur (ohne Anspruch auf Vollständigkeit) die folgenden[6]:

1. Behandlung elementarer Probleme der Topologie in der Grundschule,

[6] Vgl. dazu [40], Bd. I.

2. Einführung der Bruchrechnung mit Hilfe der Wahrscheinlichkeitsrechnung,
3. Behandlung einer mathematisch fundierten »Größenlehre«,
4. Einführung der Dezimalbrüche als formale Ziffernfolgen,
5. Einführung der Zahl als »Operator«.

Wir haben vorhin den skeptischen Kollegen widersprochen, die eine Verwissenschaftlichung des Anfangsunterrichts für unmöglich und überflüssig halten. Wir sind auf Grund von Erfahrungen von Kollegen der Grundschule der Meinung, daß das der New Math gesteckte Ziel erreichbar ist, wenn alle Lehrer sachgemäß ausgebildet werden. Aber man sollte nicht übersehen, daß man damit eine für die Lehrer und für die Ausbilder der Lehrer schwierige Aufgabe in Angriff nimmt. Man darf sie nicht dadurch erschweren, daß man immer neue zusätzliche Probleme einführt. Natürlich gibt es junge Lehrer, die gern immer wieder etwas Neues versuchen wollen. Aber leider sind sie oft nicht in der Lage, die neuen Vorschläge *sachgemäß* zu verwirklichen. Die *Topologie* ist eine der jüngsten Disziplinen der neueren Mathematik. Eine korrekte Behandlung ihrer Grundbegriffe in der Grundschule erscheint einfach indiskutabel, und es ist nicht einzusehen, was das *Spielen* mit topologischen Fragestellungen für einen Wert haben soll[7].

Wir sehen auch nicht, daß das frühe Einführen von Grundbegriffen der Wahrscheinlichkeitsrechnung eine Vereinfachung für die didaktischen Probleme der Bruchrechnung bringen soll.

Die Theorien von Heinz Griesel (zu 3) und Arnold Kirsch (zu 5) sind für den Mathematiker gewiß interessant, und es erscheint durchaus angebracht, wenn sich die Studenten in didaktischen Seminaren mit diesen Arbeiten beschäftigen. Man sollte es sich aber dreimal überlegen, ob man solche »Forschungsergebnisse« in den Unterricht der Grundschule einführt. Dagegen scheint mir die von Wolfgang Rautenberg stammende neue Methode zur Behandlung der Dezimalbrüche in der Mittelstufe ein praktisch brauchbarer Fortschritt zu sein.

Aber das Herausfinden für die Schule nützlicher neuer Verfahren ist so einfach nicht. Im allgemeinen hat man die einfachen und vernünftigen Wege schon längst herausgefunden[8]. Wenn man um jeden Preis »Forschungsergebnisse« in der Schularbeit unterbringen will, so führt das oft zu überflüssigen Kompli-

[7] Natürlich bestehen keine Einwände gegen das Ausmalen von »Flickerteppichen« und ähnliche Spiele. Man soll dann aber solchen Versuchen keinen so hochtrabenden Namen geben.

[8] Vgl. das Kapitel IX über die Geometrie.

kationen. Wenn wir in den nächsten Jahrzehnten einen erfolgreichen Mathematikunterricht in unseren Schulen haben wollen, dann müssen die Didaktiker den Mut haben, sich zu bescheiden: Man sollte der Schule Ruhe gönnen und nur solche Neuerungen für den Praktiker anbieten, die ihm die Arbeit wirklich erleichtern oder die (ohne Überforderung der Schüler) etwas Wichtiges neu einführen.

Viele der um »Forschungsergebnisse« bemühten Didaktiker vergessen die Tatsache, daß sie ja schließlich auch *Mathematiker* sind. Hier gibt es weite Felder der Forschung. Es gibt auch noch viele ungelöste Probleme der Elementarmathematik[9]. Es wäre nützlich, wenn man sich auf Tagungen der Schulmathematiker mehr als bisher mit den Forschungsaufgaben der Elementarmathematik selbst befassen würde.

Die Einführung mengentheoretischer Methoden in der Grundschule hat den Vorteil, daß damit für die späteren Schuljahre der Aufbau der Mathematik im Sinne von Bourbaki erleichtert wird. Berichten wir zunächst über Teamwork in der modernen Mathematik!

3. Das Unternehmen »Bourbaki«

Wichtige Ergebnisse in der naturwissenschaftlichen Forschung werden heute durch Gemeinschaftsarbeit, »Teamwork«, erreicht. Es ist bemerkenswert, daß es solches Teamwork in der Mathematik schon vor zwei Jahrtausenden gegeben hat. Das schon oft zitierte Werk von Euklid, die ›Elemente‹, ist ja tatsächlich nicht von Euklid allein verfaßt. Es ist eine Gemeinschaftsarbeit, in der das gesamte mathematische Wissen jener Zeit dargestellt wurde.

Natürlich genügt diese Darstellung unserer Zeit nicht mehr. Der Gedanke liegt nahe, durch eine Gruppe von Mathematikern eine neue Gesamtschau der mathematischen Disziplin in einem Sammelwerk zu geben, das das mathematische Wissen *unseres* Jahrhunderts zusammenfaßt.

Das Unternehmen »Bourbaki« liefert aber viel mehr als nur einen zusammenfassenden Bericht in einer »Enzyklopädie«. In den unter dem Pseudonym »Bourbaki« erscheinenden Bänden ›Eléments de Mathématique‹ finden wir (in konsequenter Fort-

[9] Vgl. z. B. [12] und [34].

führung von Ideen der formalistischen Schule David Hilberts) einen neuartigen Aufbau der ganzen Mathematik.

Um diesen Ansatz zu verstehen, müssen wir eine wichtige Möglichkeit des von Hilbert begründeten Formalismus herausstellen. Die moderne Mathematik ist reich an »übergreifenden« Theorien, an axiomatisch fundierten »formalen Systemen«, die in ganz verschiedenen Bereichen der Mathematik angewandt werden können.

Man nennt z. B. eine Menge eine *Gruppe*, wenn für ihre Elemente eine Verknüpfung definiert ist, die gewissen Axiomen gehorcht. Man kann nun diesen Begriff der Gruppe in der Theorie der Zahlen, in der analytischen Geometrie und in vielen andern mathematischen Disziplinen anwenden. Jeder Satz der Gruppentheorie gilt dann auch in all den Disziplinen, bei denen Mengen mit Gruppencharakter auftreten. Andere übergreifende Theorien sind:

die Theorie der Verbände, der Halbordnungen, der Hilbertschen und Banachschen Räume usw.

In den letzten Jahrzehnten hat man in mathematischen Disziplinen oft Sätze bewiesen, von denen sich später herausstellte, daß sie auch als Aussagen einer »übergreifenden« Theorie gedeutet werden können.

Die neue, revolutionäre Idee des Bourbaki-Kreises ist nun die: Man will die Mathematik nicht wie bisher aus ihren klassischen (meist aus den Anwendungsbereichen bestimmten) Disziplinen aufbauen, um dann vielleicht später zwischen den einzelnen Gebieten Brücken zu schlagen mit Hilfe der Strukturen oder übergreifenden Theorien. Es ist besser, so sagen die Bourbakisten, das Studium der »Grundstrukturen« (Gruppen, Verbände, Ringe, Räume) an den Anfang zu stellen. Ihre Gesetze gilt es zuerst zu erforschen. Dann erst erfolgt der weitere Ausbau durch Übergang zu »speziellen Strukturen« (von den Verbänden z. B. zu den »distributiven« oder »modularen« Verbänden). Man erhält diese Spezialisierung der allgemeinen Grundstrukturen, indem man zu den Axiomen einer Struktur noch ein oder einige spezielle grundlegende Axiome dazunimmt.

Wichtiger noch ist der Aufbau der *mehrfachen* Strukturen, die als »Kreuzweg« mehrerer einfacher Strukturen gedeutet werden können. Nehmen wir als Beispiel die Theorie der reellen Zahlen. Der Umgang mit diesen Zahlen wird schon in der Schule geübt. Man erklärt sie als unendliche nicht periodische Dezimalbrüche und verzichtet meist auf eine gründliche Fundierung ihrer Theorie. Auch in den einführenden Vorlesungen zur Analysis an den Universitäten und Hochschulen begnügt man sich meist mit dem Hinweis, daß man die Rechengesetze für reelle Zahlen beweisen kann. Ausführlich beschäftigt man sich mit diesen Zahlen in speziellen Vorlesungen über »Grundlagen der Analysis«. Es wird dann dem Studenten klar, daß eine gründliche Fundierung des Rechnens mit reellen Zahlen recht knifflig ist.

Fragen wir nun, wie der Bourbaki-Kreis die reellen Zahlen einordnet. Man weiß, daß man reelle Zahlen ihrer Größe nach ordnen kann. Eine geordnete Menge ist aber ein Spezialfall eines *Verbandes*. Für das Rechnen mit reellen Zahlen gelten die Gesetze der *Körper*. Wir werden also auch die Gesetze dieser Struktur beherrschen müssen, um mit reellen Zahlen arbeiten zu können. Schließlich haben wir es in der Theorie der reellen Zahlen mit Grenzprozessen zu tun. Man kann natürlich – und das tut man gewöhnlich in den Vorlesungen über Analysis – die Grenzwertbetrachtungen speziell für die reellen Zahlen durch Erweiterung des Axiomensystems für rationale Zahlen ermöglichen. Es entspricht aber der Ökonomie der neuen Betrachtungsweise, daß man die Theorie der Grenzprozesse nicht für den Spezialfall des ein- oder mehrdimensionalen Raumes entwickelt, sondern gleich für den allgemeinen *topologischen* Raum.

Die reellen Zahlen liegen also auf dem »Kreuzweg« von drei Grenzstrukturen: Man braucht die Körper, die Verbände, die topologischen Räume zur axiomatischen Fundierung der Theorie der reellen Zahlen. Sie ergibt sich einigermaßen einfach, wenn man die Gesetzlichkeiten dieser Grundstrukturen beherrscht. Wenn man *nur* auf eine Fundierung des Rechnens mit reellen Zahlen aus ist, kann man schneller zum Ziel kommen. Der Aufbau aus den Grundstrukturen hat aber den Vorteil, daß damit auch viele andere Theorien vorbereitet werden. So gewinnt man aus den gleichen Grundstrukturen eine Fundierung der Differential- und Integralrechnung, und zwar sofort für allgemeine topologische Vektorräume.

Es ist verständlich, daß die jüngere Generation der Mathematik sich lebhaft für die Bourbaki-Ideen interessiert. Hier erschließen sich viele neue Wege für die Forschung, und wer sich erst einmal den strengen Gesetzen des modernen Formalismus gestellt hat, findet hier neue vom menschlichen Geist geschaffene Welten von einer eigenartigen Schönheit. Diese von den Vertretern der »reinen« Mathematik entwickelten Systeme sind aber auch von großer Bedeutung für den Praktiker. Der Physiker benutzt die Sprache der modernen Mathematik, um für seine Meßergebnisse eine systematische Darstellung zu gewinnen. Die Mathematiker entwickeln ihre Theorien (im allgemeinen) *nicht* im Blick auf praktische Anwendungen. Aber oft stellt sich heraus, daß gerade solche formalen Systeme für die Praxis von Bedeutung sind, bei denen man es am wenigsten erwartete.

In den letzten Jahren haben nun Bestrebungen eingesetzt, die Bourbaki-Ideen auch für die Schule fruchtbar zu machen. Es gibt in der Tat naheliegende Gründe, die Schüler unserer Gymnasien mit dem modernen mathematischen Formalismus vertraut zu machen. Bourbaki beginnt ja mit den einfachsten mathematischen Strukturen, deren Gesetze leicht durchschaubar sind. Freilich – wer zum erstenmal etwas von »Gruppen« und »Verbänden« hört, ist vielleicht verwirrt von den neuen Begriffen. Er wird aber bald herausfinden, daß der Umgang mit den Axiomen dieser Strukturen einfacher ist als ungeschickt angesetzte Dreisatzaufgaben und interessanter als Interpolationsprobleme beim logarithmischen Rechnen. Vor allem aber kommen wir ohne die Strukturbegriffe nicht aus, wenn wir in der modernen Mathematik Ordnung schaffen wollen. Man bedenke, daß die Forschung in den letzten hundert Jahren mehr mathematische Gesetze herausgefunden hat als in der ganzen früheren Geschichte der Menschheit. Wir müssen unsere Erkenntnisse deshalb neu ordnen und das Wichtige vom Unwichtigen scheiden, um sinnvoll unterrichten zu können.

Zu dem »Wichtigen« im Sinne der Bildungsarbeit gehören gewiß die Untersuchungen über Unabhängigkeit und Widerspruchsfreiheit von Axiomensystemen. Aus den Fragen zur Axiomatik der Geometrie hat sich ja überhaupt erst das moderne Verständnis des mathematischen Formalismus entwickelt. Nun ist es freilich für die Schule nicht leicht, Grundlagenfragen dieser Art zu behandeln. Die Untersuchung eines vollständigen Axiomensystems für die Elementargeometrie wäre z. B. höchstens für die Abschlußklassen unserer Schulen möglich, eine Einführung in die nichteuklidische Geometrie meist nur in »Arbeitsgemeinschaften«. Es ist deshalb wichtig, daß der moderne Formalismus erlaubt, Mathematik »en miniature« zu treiben und Fragen der Unabhängigkeit z. B. an besonders einfachen (z. T. eigens für den didaktischen Zweck konstruierten) Modellen zu behandeln.

Das Problem der Unabhängigkeit von Axiomen tauchte beim Parallelenproblem auf, und wir brachten Argumente dafür, daß das Gymnasium an dieser Stelle auf die geschichtliche Entwicklung des Problems eingeht. Aber für die einfachen Strukturen der Algebra (Gruppen, Verbände usw.) lassen sich Unabhängigkeitsbeweise viel leichter führen. Und die Schule sollte sich diese Möglichkeit nicht entgehen lassen, die Probleme der Axiomatik erneut zu verdeutlichen.

Nehmen wir als Beispiel die Gruppentheorie. Bekanntlich heißt eine Menge G eine Gruppe, wenn für die Elemente $(g, h, k, \ldots)$ von G eine Verknüpfung $\circ$ definiert ist, die die folgenden Eigenschaften hat:

G_1: Mit g und h gehören auch $g \circ h$ und $h \circ g$ zur Gruppe.
G_2: Für alle $g \in G$, $h \in G$ und $k \in G$ gilt $g \circ (h \circ k) = (g \circ h) \circ k$.
G_3: Es gibt ein »Einselement« $e \in G$ mit der Eigenschaft: $g \circ e = e \circ g = g$ für jedes $g \in G$.
G_4: Für alle $g \in G$ gibt es ein (links) inverses Element $g' \in G$ mit der Eigenschaft $g' \circ g = e$.

Es ist bekannt (und es wird seit Felix Klein auch im Gymnasium gezeigt), daß es viele »Realisierungen« dieser Gruppenaxiome in verschiedenen Bereichen der Mathematik gibt.

Um die Unabhängigkeit des Axioms G_2 von den übrigen zu beweisen, erklären wir auf der Menge $\mathbb{N}$ der nicht negativen ganzen Zahlen eine Verknüpfung $\circ$ durch die Vorschrift

$$m \circ n = |m - n|.$$

Offenbar ist die Zahl 0 dann das Einselement e, denn es ist doch

$$|0 - n| = |n - 0| = 0 \circ n = n \circ 0 = n.$$

Weiter ist für alle $n \in \mathbb{N}$:

$$|n - n| = n \circ n = 0 = e.$$

Das heißt: Jedes Element $n \in \mathbb{N}$ ist zu sich selbst invers. Trotzdem bildet unsere Menge $\mathbb{N}$ (mit der hier definierten Verknüpfung) *keine* Gruppe: G_2 ist nicht erfüllt. Es ist ja z. B.

$$2 = ||1 - 2| - 3| \neq |1 - |2 - 3|| = 0.$$

Die Unabhängigkeit von G_4 erkennt man sofort aus der Bemerkung, daß für die gewöhnliche Addition in $\mathbb{N}$ die Axiome

G_1, G_2 und G_3 erfüllt sind (0 ist wieder Einselement). G_4 aber gilt nicht, da die Addition in $\mathbb{N}$ nicht unbeschränkt umkehrbar ist.

Definiert man schließlich (für die Menge $\mathbb{N}$) $m \circ n = \text{ggT}(m, n)$[10], so ist G_1 und G_2 erfüllt. Es gibt aber für diese Verknüpfung offenbar kein Einselement, und damit wird auch die Frage nach der Gültigkeit von G_4 sinnlos.

Der konsequente Formalismus bietet noch eine weitere didaktische Möglichkeit: *Man kann Mathematik »en miniature«* treiben. Das heißt: Man kann sich ein *besonders einfaches »formales System«* ad libitum definieren, um daran bestimmte Untersuchungen (Unabhängigkeit, Widerspruchsfreiheit) durchzuführen. Schaffen wir uns eine »Geometrie« mit besonders einfachen Axiomen:

A_1: Durch zwei verschiedene Punkte geht genau eine Gerade.

A_2: Zu einer Geraden *g* und einem nicht auf ihr gelegenen Punkt *P* gibt es genau eine Gerade *g'*, die durch *P* geht und keinen Punkt mit *g* gemeinsam hat.

A_3: Es gibt drei verschiedene Punkte, die nicht auf einer Geraden liegen.

»Punkte« und »Geraden« sind dabei (nach der Hilbertschen Konzeption) beliebige »Dinge«, von denen nichts weiter verlangt wird, als daß sie unsere Axiome erfüllen. Man beachte, daß keineswegs verlangt wird, daß es unendlich viele Punkte gibt.

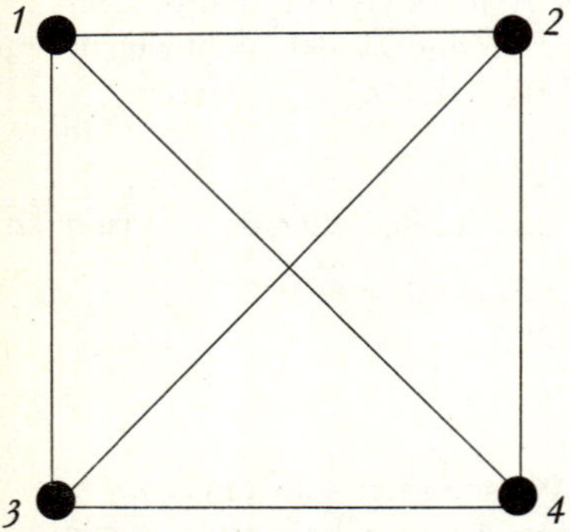

Abb. 36

Man kann nun sofort ein »Modell« angeben, in dem die Axiome A_1 und A_3 erfüllt sind, nicht aber A_2: Unsere »Geometrie« bestehe aus 3 nicht auf einer Geraden gelegenen Punkten *A*, *B* und *C*. Nur diese drei Punkte sind »Punkte« unserer Geo-

[10] ggT (*m*,*n*) heißt: Größter gemeinsamer Teiler von *m* und *n*.

metrie, und die 3 Strecken AB, BC und CA sind die »Geraden«. Dann sind die Axiome A_1 und A_3 erfüllt, nicht aber A_2: Es gibt ja in unserem Modell keine »Parallelen«, d. h. keine Geraden, die keinen Punkt gemeinsam haben.

Man kann aber unser Axiomensystem A_1—A_3 auch realisieren, wenn man noch einen Punkt mehr zuläßt. Abb. 36 zeigt ein Modell einer »Geometrie« mit 4 »Punkten« und 6 »Geraden«: (*1*, *2*); (*2*, *3*); (*3*, *4*); (*1*, *3*); (*1*, *4*); (*2*, *4*). Man beachte, daß (*1*, *4*) und (*2*, *3*) keine »Punkte« unserer »Geometrie« gemeinsam haben. Wenn man das berücksichtigt, wird sofort klar, daß durch jeden Punkt (z. B. *4*) zu jeder nicht durch den Punkt gehenden Geraden [z. B. (*2*, *3*)] genau eine »Parallele« geht (*1*, *4*).

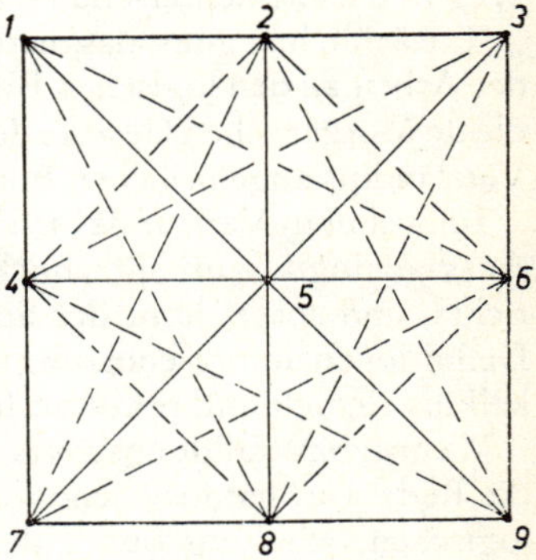

Abb. 37

Abb. 37 zeigt ein Modell[11] einer »Geometrie« mit 9 »Punkten« (von *1* bis *9* numeriert) und 12 »Geraden«. Als »Geraden« gelten die 8 Strecken (*1*, *2*, *3*); (*4*, *5*, *6*); (*7*, *8*, *9*); (*1*, *4*, *7*); (*2*, *5*, *8*); (*3*, *6*, *9*); (*3*, *5*, *7*); (*1*, *5*, *9*) und die in Abb. 37 durch Strichlinien dargestellten Dreiecke

(*1*, *6*, *8*); (*3*, *8*, *4*); (*9*, *4*, *2*); (*7*, *6*, *2*).

Auf jeder »Geraden« liegen also genau drei »Punkte«, und durch jeden »Punkt« gehen 4 »Geraden«.

Man überzeugt sich, daß auch hier das »Parallelenaxiom« gilt. Betrachten wir z. B. die Gerade (*1*, *6*, *8*) (in der Darstellung von Abb. 37 ein Dreieck). Von den 4 durch *2* gehenden Geraden ist nur (*9*, *4*, *2*) »parallel«. Die Parallele durch *5* ist (*3*, *5*, *7*), die durch *3* (*3*, *5*, *7*).

[11] Man kann diese »Geometrie« veranschaulichen durch Nägel, die entsprechend der Anordnung von Abb. 37 in ein Brett geschlagen werden. »Geraden« werden dargestellt durch Schnüre. »Punkte« sind nicht Überschneidungen von Schnüren, sondern nur die Nägel.

Man kann das hier gegebene Axiomensystem ausbauen zu einer »Geometrie« mit endlich vielen Punkten, in der gewisse Sätze der projektiven Geometrie (z. B. der von Gérard Desargues) gelten. Auf diese Weise kann man eine Brücke schlagen von den Modellen en miniature zu den klassischen Geometrien.

Wir wollen dieses Kapitel abschließen mit der Bemerkung, daß mit der Einführung der New Math in den Schulen auch ein Wunsch in Erfüllung ging, den der Philosoph Hans Reichenbach 1952 äußerte[12]. Er stellte die Abneigung der »intelligenten Studenten« gegen den üblichen Grammatikunterricht in den Colleges fest und sprach die Hoffnung aus, daß die symbolische Logik eines Tages »in Form einer modernen Grammatik ihren Weg in die Elementarschulen finden« werde.

Tatsächlich beginnt das mathematische Spiel nach Dienes mit der Arbeit an den logischen Blöcken, und es gelingt schon bald, die de Morganschen Gesetze der Logik (in einer dem kindlichen Verständnis angemessenen Form) herzuleiten.

Im weiteren Verlauf des Unterrichts werden die Symbole der Aussagenlogik zum sprachlichen Ausdrucksmittel des Unterrichts, und später lernt der Schüler, mathematische Sätze und Definitionen unter Benutzung auch der Symbole des Prädikatenkalküls einfach und präzis zu formulieren.

Wenn vom »Bildungswert« des mathematischen Unterrichts die Rede war, hat man schon immer auf die Möglichkeiten zur logischen Schulung durch die Disziplin der mathematischen Beweisführung hingewiesen. Es leuchtet ein, daß durch die Formalisierung die Möglichkeiten zur eindringenden Beschäftigung mit Fragen der Logik erleichtert wurden.

[12] [52], S. 255.

XII. Bildungspolitische Konsequenzen

> Nur eines kann wirklich helfen: Der Blick auf die Sachen und die ihnen innewohnenden Anforderungen. Sie bestimmen die Methoden, sie lassen erkennen, wer seinen Aufgaben gewachsen ist und wer nicht. Besser kein Latein als ein bißchen, besser keine Lektüre als nur erbauliche, besser kein Studium als ein halbes: das alles sind ebenso einfache wie realisierbare Grundsätze, denen die Fiktionen aufgeopfert werden müssen.
>
> W. Killy[1]

1. Mathematische Begabung

Wenn ein Akademiker in einer Mußestunde im Lesesaal der Bibliothek nach einer Fachzeitschrift eines ihm fremden Gebietes greift, so kann er dabei recht unterschiedliche Erfahrungen machen. Wenn er sich für Geschichte, für Soziologie, Philosophie oder Pädagogik interessiert, so kann es wohl vorkommen, daß er einzelne Wendungen nicht versteht und mit Bezügen auf andere Veröffentlichungen nichts anzufangen weiß, aber im allgemeinen wird er doch erkennen, worum es geht. Er kann natürlich nicht beurteilen, ob der Historiker die Quellenschriften sachgemäß interpretiert, er durchschaut vielleicht auch nicht, welche Ideologien hinter den Ausführungen der Philosophen und Pädagogen stehen, aber er begreift doch, was der Gegenstand der Abhandlung ist und welche Thesen der Autor vertritt.

Anders ist es, wenn sich unser Leser an das Regal der mathematischen Fachzeitschriften verirrt. Wenn er niemals zu einer mathematisch-naturwissenschaftlichen Fakultät gehört hat, werden ihm die Abhandlungen der mathematischen Annalen völlig unverständlich bleiben, selbst wenn er sich auf Artikel beschränkt, die in seiner Muttersprache geschrieben sind und nur solche Symbole benutzen, die ihm von der Schule her vertraut sind.

Diese Tatsache hat der Mathematik den Ruf einer »Geheimwissenschaft« eingetragen. Man weiß, daß man auf die Mathematik nicht verzichten kann in unserem industriellen Zeitalter, aber man überläßt den Umgang mit dieser unheimlichen Disziplin gern den »Spezialisten«, die – offenbar – eine besondere Begabung für diese Wissenschaft haben.

[1] [26], S. 30.

Gelegentlich spricht ein Geisteswissenschaftler mit Bedauern davon, daß ihm das Verständnis für die mathematischen und physikalischen Probleme versagt sei. Es kommt aber auch in unserem Jahrhundert der Naturwissenschaften noch allzu oft vor, daß Vertreter des klassischen Denkens sich ihrer Unwissenheit auf dem Gebiet der exakten Wissenschaften rühmen. Keinem Menschen würde es einfallen, Unsicherheit auf dem Gebiet der Sprache bewußt herauszustellen, aber mit einer 5 in Mathematik (oder Physik) im Abitur kann man sich in guter Gesellschaft brüsten.

Daß solche hochmütigen Vertreter eines traditionellen Denkens Platon und Kant schlecht gelesen haben, wollen wir hier nur am Rande erwähnen. Uns interessiert jetzt die hinter einer solchen Denkweise stehende Überzeugung, daß die mathematische Begabung eben eine besondere Disposition einer gewissen Menschengruppe sei, der man getrost den Umgang mit dieser schon Goethe unheimlichen Disziplin[2] überlassen solle.

Unser technisches Zeitalter braucht in steigendem Maße Wissenschaftler und Praktiker, die sich in der Wissenschaft von den »formalen Systemen« auskennen. Haben wir genug Schüler, die mathematische »Begabung« mitbringen? In vielen Universitäten sind die Seminare in der philosophischen Fakultät hoffnungslos überfüllt; auch bei den Naturwissenschaften drängen sich die Hörer, aber es sind noch längst nicht genug, um den Bedarf der Technik und der Wissenschaft in den nächsten Jahren zu decken. Das Ergebnis ist ein akuter Mangel an Lehrern für die naturwissenschaftlichen Fächer.

Die Frage nach dem Wesen der Begabung für die exakten Wissenschaften wird damit zu einem wichtigen volkswirtschaftlichen Problem. Hat es einen Sinn, eine größere Zahl von Schülern zur Beschäftigung mit der Mathematik und den Naturwissenschaften zu ermuntern? Oder muß man fürchten, daß nur eine beschränkte Anzahl von Menschen eine Disposition für mathematischen Formalismus und experimentelle Arbeit mitbringt?

Ein erfahrener Schulmathematiker hat zur Frage der mathematischen Begabung die robuste These formuliert: *Es gibt nur zwei Arten von Menschen: Mathematiker und Idioten.* Man würde diesen Satz total mißverstehen, wollte man aus ihm eine Beschimpfung der nicht mit der Mathematik Beschäftigten heraus-

[2] Siehe dazu: Herbert Meschkowski, Goethes Stellung zur Mathematik. In: Humanismus und Technik. 8, 3, 1963, S. 110–114.

lesen. Dies ist gemeint: *Jeder, der über normale Geistesgaben verfügt, kann auch die »Wissenschaft von den formalen Systemen«* verstehen. Die Mathematik ist nicht eine Geheimwissenschaft für eine Gruppe von Menschen mit einer »Sonderbegabung«.

Jeder Schüler also, der in den philologischen Fächern befriedigende oder gute Leistungen aufweist, kann auch in der Mathematik Ordentliches leisten. Und ein Abiturient, der sich einem geisteswissenschaftlichen Studium zuwendet, *könnte* auch in die mathematisch-naturwissenschaftliche Fakultät eintreten. Er wird sich nicht unbedingt als mathematisches Genie ausweisen und nicht gerade den Nobelpreis für Physik gewinnen, aber er ist (bei angemessener Arbeit und nach Ausfüllung der Lücken in seinem Schulwissen) durchaus in der Lage, ein Diplom in der naturwissenschaftlichen Fakultät zu erreichen.

Wir müssen uns versagen, auf die psychologische Literatur zum Begabungsproblem ausführlicher einzugehen. Es mag der Hinweis genügen, daß neuere Unterrichtserfahrungen (z. B. in dem programmierten Unterricht) bestätigt haben, daß man – bei didaktisch geschickter »Programmierung« – auch solche Unterrichtsgebiete in normalen Schulklassen der Unterstufe behandeln kann, die früher den weiterführenden Schulen vorbehalten waren[3]. W. Schramm[4] berichtet über Erfahrungen, die die üblichen Auffassungen über Schulreife und Begabung erschüttern:

> Ausgesprochen peinlich ist, daß einige, die diesen Glauben verloren hatten, in die Schule gingen und schlüssig bewiesen, daß viele jener Lehrmeinungen fromme Märchen sind. Suppes und Page konnten z. B. überaus diffizile mathematische Begriffe bereits in der Unterstufe lehren, und Keislar gelang es dort, den Tau als Phänomen der Molekularanziehung zu deuten: Die Schüler ziehen aus dieser Art des Unterrichts Freude und Gewinn. Da bekanntlich manche Kinder schon vor der Einschulung lesen können, hat man Lehrmittel ausgearbeitet, die dieses in die Schule mitgebrachte Wissen ordnen und darauf aufbauen lassen, und unterzieht sie jetzt ausgedehnten Versuchen. Die Schlußfolgerung aus diesen Projekten wäre noch vor zehn Jahren im Gelächter untergegangen. Bruner zog sie mit folgenden Worten: »Jedem Kind kann auf jeder Entwicklungsstufe jeder Lehrstoff mit gutem Erfolg und

[3] Natürlich schließen solche Einsichten nicht aus, daß dem Einbau immer neuer Gebiete in den Lehrplan der Grundschule schließlich doch irgendwelche Grenzen gesetzt werden müssen. Vgl. dazu Kap. XI.

[4] [59], S. 26.

altersgemäßer Form nahegebracht werden, ohne ihn zu verfälschen.«

Ein wissenschaftlich qualifizierter und didaktisch fähiger Lehrer ist schon immer in der Lage gewesen, im Klassenunterricht weit über das in den Lehrplänen gesteckte Ziel hinauszugehen, ohne daß die Schüler dabei versagten.

Vor kurzem hatten wir Gelegenheit, Tonbandaufnahmen von Unterrichtsstunden in der Anfangsklasse eines Hamburger Gymnasiums zu hören. Hier wurde von einem für die neuen Ideen aufgeschlossenen Lehrer der Versuch unternommen, die 10- und 11jährigen Schüler an eine strenge, axiomatisch fundierte Begründung des Rechnens mit natürlichen Zahlen heranzuführen. Es wurde dabei natürlich nicht doziert wie in einer akademischen Vorlesung. Wir hörten ein lebhaftes Unterrichtsgespräch, das von anschaulichen Problemen ausging, das Beweisbedürfnis weckte und die ersten Versuche im Beweisen wagte. Die lebhafte und fröhliche Beteiligung der Schüler machte deutlich, daß der Lehrer den Schülern nicht zu viel zugemutet hatte. Es bestätigte sich hier eine Einsicht, die geschickte und um einen wissenschaftlich fundierten Unterricht bemühte Lehrer immer wieder gewinnen: Die für die weiterführenden Schulen überhaupt geeigneten Schüler können und wollen mehr leisten, als bedächtige, am alten hängende Pädagogen vermuten. In unserem Fall war der Lehrer an den Klassenunterricht (mit der üblichen großen Zahl von Schülern) gebunden. Wenn man zum Kursunterricht übergeht oder gar Lehrmaschinen benutzt, ergeben sich weitere Entwicklungsmöglichkeiten.

Halten wir fest: Die traditionellen Auffassungen über die Grenzen des Schulunterrichts sind überholt, die sich an der Qualifikation des schwächsten Schülers orientierende Didaktik bedarf einer Überprüfung.

Mit diesen Hinweisen wollen wir dem manchmal gehörten Einwand begegnen, daß die NEW MATH die mathematischen »Normalverbraucher« unter unseren Schülern überfordere. Es bleibt freilich die Frage offen, ob und in welcher Weise die moderne Schule mathematische Sonderbegabungen fördern solle. Wir denken dabei nicht in erster Linie an geniale »Wunderkinder«, sondern an die nicht geringe Zahl jener Schüler, die auf Grund ihrer Begabung wesentlich schneller im Erfassen neuer Begriffsbildungen sind als der Durchschnitt, also etwa an solche Kinder, die später einmal für ein akademisches Studium in Frage kommen.

Wir haben bereits im Kapitel II im Zusammenhang mit der Frage nach der Objektivität in der Wissenschaft über divergierende Ansichten zum Begabtenproblem gesprochen. Wer davon überzeugt ist (und das sind viele der heute einflußreichen Bildungspolitiker), daß Unterschiede in den Leistungen der Schüler aus dem sozialen Milieu zu erklären sind, wird dazu neigen, die Frage nach der Förderung der Begabten nicht so wichtig zu nehmen. Er wird davon ausgehen, daß die Verbesserung der Lebensbedingungen von »Unterprivilegierten« auch zu einer Anhebung der Schulleistungen führen muß. Das Begabtenproblem würde sich von selbst lösen, wenn man nur gute Wohnungen und gesunde Ernährung für alle sichert.

Es ist gewiß zu wünschen, daß unsere Wohlstandsgesellschaft ihre sozialen Verpflichtungen ernst nimmt. Man darf erwarten, daß es dann viel weniger Hilfsschüler geben wird als heute. Aber wir glauben nicht, daß mit dieser Bemerkung das Begabtenproblem gelöst ist. Wer nicht in seiner Urteilsfähigkeit durch Ideologien belastet ist, kann doch nicht die Tatsache leugnen, daß es auch bei Kindern in bürgerlich behüteter Umgebung starke Unterschiede in der Fähigkeit zu logischem Denken und mathematischem Schließen gibt. Es ist richtig, daß die *Fundamente* der Mathematik jedem geistig normal befähigten Menschen zugänglich gemacht werden können. Aber die Neigung, sich mit solchen Fragen zu beschäftigen, und die Fähigkeit, mathematische Probleme zu lösen und vielleicht sogar selbständig forschend in Neuland vorzudringen, ist doch sehr ungleichmäßig verteilt.

2. Die Schule von morgen

Weder die in manchen Ländern der Bundesrepublik übliche vierjährige Grundschule noch die Berliner Form (mit sechsjähriger Dauer) hat bisher geeignete Wege zur Förderung der Begabungen gefunden. Aus guten Gründen haben wir heute Sonderschulen für minderbegabte und schwer erziehbare Kinder. Es ist zu fragen, ob die Spitzenbegabungen nicht mindestens das gleiche Recht auf eine besondere Förderung haben. Die Schule verfährt nach dem »Geleitsystem«: Der langsamste Dampfer bestimmt die Geschwindigkeit. Gewiß, wir haben für Sonderfälle unsere Hilfsschulen, aber die untere Grenze in einer normalen Grundschulklasse liegt immer noch tief genug, um eine angemessene Förderung der Begabten zu verhindern.

Die Ausgaben des Staates für einen Hilfsschüler sind wesentlich höher als die für einen »Normalschüler«. *Sollte uns die Förderung der Begabung nicht mindestens genausoviel wert sein?* Wenn wir wieder den Anschluß an die Forschung gewinnen wollen, müssen wir verhindern, daß die künftigen Wissenschaftler beste Jahre ihrer Kindheit in Langeweile vertun.

Wir fürchten, daß manche Fehlentwicklungen begabter Kinder darauf zurückzuführen sind, daß sie vom Unterricht nicht angeregt wurden. Es kommt hinzu, daß überholte pädagogische Prinzipien ohnehin oft der Erziehung zu ernsthafter Arbeit im Wege stehen. Killy sagt dazu[5]:

> Die grundlegende Erkenntnis, daß nur Überforderung erziehe, nur die nächsthöhere Stufe nach oben führe, ist außer Kraft gesetzt worden. Jugendpsychologische Gesichtspunkte, methodologische Erwägungen sichern dem jungen Menschen eine Art widernatürlicher Schonung zu, deren Ungesundheit sich schon in der Nomenklatur ausdrückt – denn wie sollen Wortbildungen wie »kindgemäß« und »kindertümlich«, die keinem gebildeten Wortschatz entnommen sein können, bildende Verfahren bezeichnen?

Vor kurzem hat Horst Unger in der ›Zeit‹[6] über die Nöte der überdurchschnittlich begabten Kinder in den als modern geltenden Grundschulen geschrieben. Er berichtet von seelischen Fehlentwicklungen begabter Kinder, die in der Schule zur Langeweile gezwungen werden.

Wir möchten anmerken, daß dies nicht etwa nur für eine verhältnismäßig kleine Zahl von »Wunderkindern« gilt. Die Belastung durch die Langeweile trifft viele, wahrscheinlich die Mehrzahl der Schüler, die später einmal für ein Studium in Frage kommen.

Wenn man eine wirksame Förderung der Begabungen erreichen will, muß man auch noch gewisse politisch motivierte pädagogische Dogmen überwinden. Man hat 1918 die »Vorschule« der Gymnasien abgeschafft. Das waren »Standesschulen«, die nur einer kleinen Schicht finanziell Privilegierter eine bessere Ausbildung ermöglichten. Aber damit ist doch die Tatsache nicht aus der Welt geschafft, daß offensichtlich einigermaßen überdurchschnittlich Begabte den Stoff der vier Grundschuljahre in drei Jahren bewältigen können. *Man gebe allen die*

[5] [26], S. 21.
[6] 1971 Nr. 46 vom 12. 11., S. 53f.

gleiche Chance! Die gleiche Chance; *das heißt nicht: Gleiche Bildung für alle.*

Warum auch? Die Aufgaben in der industriellen Gesellschaft sind sehr unterschiedlich. Wer auf das Aufleuchten einer Kontrollampe wartet, hat andere Aufgaben als ein leitender Ingenieur. Und ein Schüler, der trotz aller Bemühungen des Lehrers das elementare Rechnen nicht sicher lernt, hat kaum Aussichten, in die Planungsabteilung eines Werkes zu kommen.

Wir können uns den Luxus nicht leisten, in der Grundschule Zeit zu vertun. Es wäre aber auch töricht, wollte man eine solche Begabtenförderung nur solchen Kindern zugänglich machen, deren Eltern sie bezahlen können. Mit Schulgeldfreiheit ist es nicht getan. Die Erfahrung lehrt, daß Eltern mit bescheidenem Einkommen im allgemeinen damit rechnen, daß ihre Kinder bald Geld verdienen. Wenn man die begabten Kinder solcher Eltern für eine Gymnasialausbildung gewinnen will, muß man sie durch großzügige Erziehungsbeihilfen unterstützen. Das alles kostet Geld, viel Geld. Aber wenn man sich über die politische Bedeutung der Bildungsarbeit klar ist, muß man auch bereit sein, die Größenordnung unserer Ausgaben für Schulen und Hochschulen zu ändern. Es gibt mancherlei Möglichkeiten, die Grundschule für Begabte durch »Förderkurse« oder dergleichen zu kürzen. Vielleicht läßt sich das im Rahmen einer sechsjährigen Grundschule eher realisieren als in der vierjährigen.

An vielen Stellen haben Schulversuche begonnen, die alle Schulzweige in einer »Gesamtschule« zusammenfassen. Wir meinen, daß eine solche Gesamtschule viele Möglichkeiten eröffnet: Es könnte sein, daß die Kritiker recht behalten und dieser Schultyp zu einer weiteren verhängnisvollen Nivellierung unseres Bildungswesens führt. Aber das muß nicht sein. In einer solchen Schule mit ihren mancherlei Zügen und Kursen könnte eine Förderung von Begabungen erreicht werden, wie sie im Klassenunterricht der konventionellen Schule nicht möglich ist. Auf jeden Fall sollte man die Einsparung von ein bis zwei Jahren für entsprechend Begabte erstreben[7].

Diese Einsparung eines Jahres sollte nach Möglichkeit für einen verhältnismäßig großen Kreis von Schülern erreicht werden; für alle diejenigen nämlich, die später einmal für ein Studium in Frage kommen. Natürlich ist das nicht immer schon in den ersten Grundschuljahren erkennbar. Es gibt »Spätent-

[7] Vgl. v. Cube in [5].

wickler«, die erst mit 12 oder 14 Jahren ihre Eignung für eine weiterführende Ausbildung zeigen. Man muß auch solchen Schülern die Gelegenheit zu einer ihnen gemäßen Entwicklung geben. Aber es wäre doch unsinnig, wollte man mit Rücksicht auf diese (verhältnismäßig wenigen) Schüler allen eindeutig Fähigen die Schulzeit ohne Notwendigkeit verlängern.

Eine vernünftig geplante Gesamtschule könnte nicht nur die Förderung der »Spätentwickler« sichern, sondern auch – und das ist noch viel wichtiger – die der Hochbegabten. Natürlich muß man dann von dem 6-Jahre-Block der Grundschule abgehen. Wenn man das nicht tut, ist in der Gesamtschule ein Abfall der Leistungen (gegenüber dem alten Gymnasium) nicht zu vermeiden. Das ist schon jetzt aus den eingeleiteten Schulversuchen zu erkennen. Wenn man sich aber zu einer Auflösung des die Begabungen vergewaltigenden 6-Jahre-Blocks entschließt, könnte die Gesamtschule wirklich die Schule der Zukunft werden. Sie müßte natürlich auch für die Oberstufe gute Arbeitsmöglichkeiten für die an Mathematik und Naturwissenschaften interessierten Schüler schaffen. Dabei müßten im Jahrhundert der Technik die exakten Wissenschaften weit mehr Raum bekommen als in der »Oberrealschule« alten Stils. Man sollte für Mathematik, Physik, Chemie und Biologie etwa soviel Wochenstunden zur Verfügung stellen, wie sie im 19. Jahrhundert das Gymnasium für die alten Sprachen hatte.

Gegen unsere Vorschläge zur Umgestaltung der Grundschule ist eingewandt worden, daß man doch die Einheit der Klasse nicht zerreißen dürfe, sonst könnte die Schule ihre pädagogischen Aufgaben nicht erfüllen.

Hier liegt offenbar eine pädagogische Ideologie vor, die endlich überwunden werden sollte. Man machte früher Witze über die »Zwergschulen« (die ja übrigens auch mit pädagogischen Argumenten verteidigt werden). Dieses Feld hat man inzwischen den Kabarettisten überlassen. Gehen wir lieber gegen solche überholten Dogmen an, die uns hier und heute schon gefährlich sind.

Man hat ernsthaft geglaubt, durch eine möglichst lange Gemeinsamkeit des Unterrichts das unselige Standesdenken überwinden zu können. Kann man das wirklich erreichen, indem man fähige Kinder zwingt, sich zu langweilen? Unger hat gezeigt (s. o.), daß manche Fehlentwicklungen begabter Schüler darauf zurückzuführen sind, daß sie von der Schule nicht ihren Fähigkeiten entsprechend ausgelastet waren.

Es gab einmal eine Zeit, in der politische Romantiker forderten, daß alle Menschen das gleiche Gehalt bekommen müßten. Das ist inzwischen in allen politischen Systemen auf diesem Planeten längst aufgegeben worden. Es ist an der Zeit, daß wir das pädagogische Gegenstück zu dieser politischen Ideologie endlich überwinden. *Gleiche Bildung für alle?* Das ist Barbarei. *Das* brauchen wir: *Gleiche Chancen für alle!* Wir können uns einfach den Luxus nicht leisten, Begabungen verkommen zu lassen. Deshalb müssen wir eine sorgfältige Auslese der Spätentwickler fördern, wir brauchen großzügige finanzielle Förderung von Arbeiterkindern und eine vernünftige, elastische Form der Schule, die den Aufstieg eines jeden nach seinen Fähigkeiten in einem ihm angemessenen Bildungsgang zuläßt. Zitieren wir für unsere Auffassung einen Wissenschaftler, der gewiß nicht im Rufe steht, für die Welt von gestern einzutreten. Der durch seinen unbekümmerten Bekennermut ausgezeichnete Bertrand Russell sagt zu unserem Thema[8]:

> Eine Menge von unnützem Leid und Reibereien könnte klugen Kindern erspart bleiben, wenn sie nicht gezwungen würden, in engster Gemeinschaft mit dummen Zeitgenossen zu leben. Man hat irgendeine Vorstellung, daß es eine gute Vorbereitung für das Leben ist, wenn man sich in der Jugend an allem und jedem reibt. Das scheint mir Unsinn zu sein.

Wir möchten hinzufügen, daß durch diesen »Unsinn« auch den weniger Begabten nicht gedient wird. Die Wirtschaft funktioniert nur dann gut, wenn wir fähige Forscher und Ingenieure haben. Und der Mann, der im 21. Jahrhundert die Aufgabe hat, das Aufleuchten der Kontrollampen zu überwachen oder den Schnee zu beseitigen, wird nur dann ein gutes Einkommen haben, wenn sein begabterer Klassenkamerad die Möglichkeit bekommt, ein ausgezeichneter Wissenschaftler zu werden. Die Förderung der Begabten dient tatsächlich *allen*.

3. Ideologien in der Bildungspolitik

Wenn man überlegt, wie sich die Bildungsmöglichkeiten des mathematischen Unterrichts in Schulen und Hochschulen ausschöpfen lassen, kann man nicht an den bildungspolitischen Problemen unserer Zeit vorbeigehen. Wir sprachen etwas ausführlicher über die Probleme der Grundschule, weil sie für die

[8] Zitiert nach A. Wood, Bertrand Russell. München 1959, S. 203.

New Math besonders bedeutsam sind. Wir müssen uns versagen, an dieser Stelle ausführlicher auf weitere Schul- und Hochschulprobleme einzugehen. Aber für die Frage nach den Bildungsmöglichkeiten durch den mathematischen Unterricht ist es doch wichtig, die ideologischen Belastungen nachzuweisen, die einem guten Unterricht immer noch entgegenstehen.

Hinter der Forderung nach der »Zwergschule« standen konfessionelle Ideologien. Die heute unsere Bildungspolitik beherrschende Ideologie kann man so formulieren: *Ändere die Verhältnisse, dann ändern sich die Menschen.*

Man zwinge alle Kinder in eine vier- oder sechsjährige gemeinsame Grundschule, dann wird in der nächsten Generation der Standes- und Bildungsdünkel überwunden sein. Man schaffe neue »Paritäten« an den Hochschulen, dann lösen sich auch die Ausbildungs- und Organisationsprobleme.

Wir müssen der Versuchung widerstehen, hier über Fragen der Hochschulpolitik ausführlicher zu werden und diese Thesen zu widerlegen.

Wir wollen uns darauf beschränken, abschließend noch einiges über das Verhältnis des mathematisch gebildeten Wissenschaftlers zu den Ideologien unserer Zeit zu sagen. Wir haben ihren Einfluß auf die Bildungspolitik bedauert. Aus guten Gründen: Es ergaben sich aus den ideologischen Voraussetzungen Folgerungen, die den Erfahrungen der Praktiker widersprachen. Damit kann aber nicht gesagt sein, daß wir auf *alle* Ideologien bei der Gestaltung unseres Bildungswesens verzichten sollten oder auch nur verzichten könnten. Wenn wir mit Helmar Frank[9] »unter dem Oberbegriff Ideologie alle jene Anliegen unseres Denkens zusammenfassen, welche die Grenzen der Wissenschaft überschreiten – ohne daß diese Anliegen damit übrigens negativ beurteilt werden müßten«, dann kann man auf »Ideologien« überhaupt nicht verzichten.

Der Mathematiker und Naturwissenschaftler wird geneigt sein, den Begriff »Wissenschaft« recht eng zu fassen. Wir erinnern an Felix Klein[10], der die Pädagogik als Kunst, nicht aber als Wissenschaft gelten lassen wollte. Wenn man weiß (Poincaré), daß »kein Weg führt von dem, was ist, zu dem, was sein soll«, dann wird klar, daß wir einfach nicht existieren können ohne Voraussetzungen, die nicht im strengen Sinne wissenschaftlich fundiert sind. Wer politische Maximen oder Bildungs-

[9] [16], S. 46f.

[10] Vgl. S. 114.

ziele formuliert, benutzt Ideologien. Wir haben also keinen Grund, Ideologien (in dem so erklärten Sinne) als etwas Anrüchiges abzutun. Es ist ein Ergebnis der Beschäftigung mit den Grundlagenproblemen, daß man diese Notwendigkeit einsieht. Aber man darf die nun einmal unvermeidlichen Ideologien nicht als gesicherte Ergebnisse exakter Forschung tarnen.

Man kann etwa – im Sinne Albert Schweitzers – die Ehrfurcht vor dem Leben zur tragenden Ideologie der Erziehung machen. Wir möchten von Herzen – von *Herzen* – wünschen, daß sich diese Ideologie durchsetzt und sich immer mehr Menschen zu den Grundsätzen des Urwalddoktors bekennen. Bekennen – wir glauben nicht, daß man sie aus exakter Forschung begründen kann[11].

Aus der Forderung nach der Ehrfurcht vor dem Leben kann man natürlich keine mathematischen Lehrpläne deduzieren. Man kann höchstens die Forderung herleiten, daß man die Kinder aus Gründen der Humanität nicht überfordern, aber auch nicht langweilen und um die ihren Fähigkeiten gemäße Förderung betrügen darf. Hinter der grundlegenden Ideologie der heutigen Bildungspolitik aber scheint uns gerade jene Resignation zu stehen, die aus dem »Verlust der Mitte« resultiert. Man hat nicht mehr den Mut, den Mißständen durch Berufung auf ethische Grundsätze entgegenzutreten, und hofft, das Nötige auf dem Verwaltungswege durch Änderung von Organisationsformen zu erreichen.

Die Beschäftigung mit den Grundlagenfragen führt zu der Einsicht, daß nur ein ganz schmaler Ausschnitt aus der Gesamtheit der menschlichen Erlebnisse exakten Verfahren zugänglich sind. Man kann nicht erwarten, daß man die großen Bildungsprobleme unserer Zeit auf dem Verwaltungswege oder durch »Erziehung zur Rationalität« lösen kann. Geben wir deshalb abschließend einem Dichter das Wort. Albrecht Goes sagt über »das Lehramt«[12]:

> So ist es um das Lehramt bestellt: Alle Klugheit genügt nicht, hier gilt nur kostbarere Münze. Bezahlt werden muß in Wahrheit mit dem Preis des ganzen Daseins. Du lehrst nicht, was Du nicht bist.

Man könnte einwenden, daß diese »kostbarere Münze« zu einer Währung gehört, die jedenfalls nicht Übungsbeispiele für den

[11] Schweitzer glaubte allerdings, seinen Grundsatz *rational* begründen zu können. Wir können ihm *hierin* nicht folgen. Die Poincarésche These gilt auch im Dschungel des afrikanischen Urwaldes.

[12] Aber im Winde das Wort. Prosa und Verse aus zwanzig Jahren. Frankfurt 1963, S. 77.

mathematischen Anfangsunterricht liefern kann. Das stimmt. Aber ein die Möglichkeiten der Mathematik ausschöpfender Unterricht führt zu einer »Lockerung des Denkens«, die für die Bildung des Menschen von ausschlaggebender Bedeutung ist. Der Physiker Max Born hat darüber gesagt[13]:

> Die Lockerung des Denkens scheint mir der größte Segen, den die heutige Wissenschaft uns gebracht hat. Ist doch der Glaube an eine einzige Wahrheit und die Überzeugung, deren einziger Besitzer zu sein, die tiefste Wurzel allen Übels in der Welt.

[13] Zitiert nach F. Vester, Bausteine der Zukunft. Fischer Bücherei Nr. 926, S. 140.

Literaturverzeichnis

[1] F. Bachmann, Aufbau der Geometrie aus dem Spiegelungsbegriff. Berlin-Göttingen-Heidelberg 1959

[2] K. Borsuk und W. Smielew, Foundations of Geometry. Amsterdam 1960

[3] E. Buchwald, Bildung durch Physik. Göttingen 1956

[4] N. Bourbaki, Éléments de Mathématique. Paris 1955–1969

[5] Felix v. Cube, Allgemeinbildung oder produktive Einseitigkeit? Stuttgart 1960

[6] F. Denk, Die Bedeutung des Mathematikunterrichts für die heuristische Erziehung. In: Der Mathematikunterricht 10, 1, 1964, S. 36–57

[7] Z. P. Dienes, Aufbau der Mathematik. Freiburg 1965

[8] Z. P. Dienes, Schulmathematik als Bildungsfach. Freiburg 1967

[9] Z. P. Dienes, Moderne Mathematik in der Grundschule. Freiburg 1968

[10] Z. P. Dienes und E. W. Golding, Topologie und Schattengeometrie. Freiburg 1969

[11] A. Eisenbach, Elementare Beispiele zur Axiomatik. In: Der Mathematikunterricht 7, 1961, S. 38–56

[12] L. Fejes Toth, Lagerungen in der Ebene, auf der Kugel und im Raum. Berlin-Göttingen-Heidelberg 1953

[13] P. Finsler, Gibt es unentscheidbare Sätze? Comm. Math. Helv. vol. 16, 1943/45, S. 310–320

[14] Foundations of Mathematics. Symposium Papers Commemorating the Sixtieth Birthday of Kurt Gödel. Berlin-Heidelberg- New York 1969

[15] H. Frank, Kybernetische Grundlagen der Pädagogik I, II. Baden-Baden, 2. Aufl. 1969

[16] H. Frank, Kybernetik und Philosophie. Berlin 1966

[17] W. Fuchs, Knaurs Buch der modernen Mathematik. München-Zürich 1966

[18] H. Hadwiger, Der Inhaltsbegriff, seine Begründung und Wandlung in älterer und neuerer Zeit. Mitteilungen der Naturwissenschaftlichen Gesellschaft Bern. Neue Folge, 11. Band, 1954, S. 13–41

[19] G. af Hällström, Om den plana geometrins axiomsystem. In: Nordisk Mat. Tidskrift 9, 1961, S. 145–166

[20] W. Hartkopf, Die Erziehung zum heuristisch-methodischen Denken im Mathematikunterricht. In: Der Mathematikunterricht 10, 1, 1964, S. 58–79

[21] H. Heise, Zum Problem von Anlage und Umwelt. In: Psychologie und Praxis 3, Juli-Sept. 1971, S. 123–138

[22] S. Heller, Die Entdeckung der stetigen Teilung durch die Pythagoreer. Abhandlungen der Deutschen Akademie der Wissenschaften, Klasse für Mathematik, Physik und Technik, Jg. 1958, Nr. 6

[23] A. Heyting, Intuitionism. Amsterdam 1956

[24] D. Hilbert, Grundlagen der Geometrie. Stuttgart, 10. Aufl. 1968

[25] E. Hunger, Mathematik und Bildung. Braunschweig 1949

[26] W. Killy, Bildungsfragen 1963. In: Der Aquädukt, C. H. Beck 1793–1963. München 1963

[27] W. Klafki, Das pädagogische Problem des Elementaren und die Theorie der kategorialen Bildung. Weinheim-Berlin 1959

[28] F. Klein, Elementarmathematik vom höheren Standpunkte aus. Berlin, 4. Aufl. 1933; Neudruck 1967

[29] Kursbuch VIII. Frankfurt a. M. 1967

[30] H. Lenné, Analyse der Mathematikdidaktik in Deutschland. Stuttgart 1969

[31] T. Litt, Naturwissenschaft und Menschenbildung. Heidelberg 1952

[32] P. Lorenzen, Sprache und Mathematik. In: Sprache im technischen Zeitalter 2, 1962, S. 111–118
[33] G. Martin, Neuzeit und Gegenwart in der Entwicklung des mathematischen Denkens. In: Kant-Studien 45, 1953–54, S. 155–165
[34] H. Meschkowski, Ungelöste und unlösbare Probleme der Geometrie. Braunschweig 1960
[35] H. Meschkowski, Nichteuklidische Geometrie. Braunschweig, 3. Aufl. 1971
[36] H. Meschkowski, Grundlagen der euklidischen Geometrie. BI-Hochschultaschenbuch 105/105a, Mannheim 1966
[37] H. Meschkowski, Probleme des Unendlichen. Werk und Leben Georg Cantors. Braunschweig 1967
[38] H. Meschkowski, Wandlungen des mathematischen Denkens. Braunschweig, 4. Aufl. 1969
[39] H. Meschkowski, Einführung in die moderne Mathematik. BI-Hochschultaschenbuch 75/75a, Mannheim, 4. Aufl. 1971
[40] H. Meschkowski (Hrsg.), Didaktik des mathematischen Unterrichts. I, II, III, IV. Erscheint ab 1972, Stuttgart
[41] H. Meschkowski (Hrsg.), Handbuch über die Mathematik. Mannheim, 2. Aufl. 1972
[42] H. Meschkowski (Hrsg.), Grundlagen der modernen Mathematik. Darmstadt 1972
[43] C. Münster und G. Picht, Naturwissenschaft und Bildung. Würzburg 1953
[44] W. Neunzig und P. Sorger, Einstieg in die Mathematik. Freiburg 1969
[45] New Thinking in School Mathematics. OEEC, Paris 1961
[46] Nikolaus von Cues, Schriften. Herausgegeben von E. Hoffmann. Hamburg 1950
[47] Nikolaus von Cues, Die Kunst der Vermutung. Bremen 1957
[48] G. Pickert, Die Bedeutung der Anschauung für den mathematischen Beweis. In: Der Mathematikunterricht 4, 1957, S. 49–62
[49] G. Pólya, Schule des Denkens. Bern 1949
[50] G. Pólya, Mathematik und plausibles Schließen. I, II. Stuttgart 1962–63
[51] G. Pólya, Vermuten und wissenschaftliche Methode. In: Der Mathematikunterricht 10, 1, 1964, S. 80–96
[52] H. Reichenbach, Der Aufstieg der wissenschaftlichen Philosophie. Braunschweig, 2. Aufl. 1968
[53] K. Reidemeister, Das exakte Denken bei den Griechen. Hamburg 1949
[54] K. Reidemeister, Die Unsachlichkeit der Existenzphilosophie. Berlin-Göttingen-Heidelberg 1954
[55] H. Roth (Hrsg.), Begabung und Lernen. Stuttgart 1969
[56] B. Russell, Mystik und Logik. Wien 1952
[57] B. Russell, Meine philosophische Entwicklung. In: Der Monat 126/127, 1959
[58] H. Scholz, Bildungswerte der Mathematik. In: Erziehung zur Menschlichkeit. Festschrift für E. Spranger. Tübingen 1957
[59] W. Schramm, Programmierter Unterricht heute und morgen. Berlin-Bielefeld 1963
[60] E. Schrödinger, Was ist Leben? München 1951
[61] E. Schrödinger, Geist und Materie. Braunschweig, 2. Aufl. 1961
[62] F. K. Schumann, Mythos und Technik. Köln 1958 (Veröffentlichungen der Arbeitsgemeinschaft für Forschung des Landes Nordrhein-Westfalen. Geisteswissenschaften 49)
[63] W. Stegmüller, Metaphysik Wissenschaft Skepsis. Wien 1954
[64] H. G. Steiner, Das moderne mathematische Denken und die Schulmathematik. In: Der Mathematikunterricht 4, 1959
[65] H. G. Steiner, Logische Probleme im Mathematikunterricht, I, II. In: Der Mathematikunterricht 4, 1959 und 1, 1961
[66] R. Stender, Didaktische Themen aus der neueren Mathematik. Heidelberg 1962

[67] R. Stettler, Über endliche Geometrien. Ann. Ac. Sc. Fenn., Ser. A, Nr. 72, Helsinki 1950
[68] Synopsis for Modern Secondary School Mathematics. OEEC, Paris (o. J.)
[69] J. H. Weihnacht, Prinzipien zur Lösung mathematischer Probleme. Braunschweig 1959
[70] A. I. Wittenberg, Bildung und Mathematik. Stuttgart 1963
[71] A. I. Wittenberg, Vom Denken in Begriffen. Basel und Stuttgart 1957

Register